学生最喜爱的科普

XUESHENGZUIXIAIDEKEPUS

U0630503

# 地球上的
# 南北两极

刘珊珊◎编著

在未知领域　我们努力探索
在已知领域　我们重新发现

延边大学出版社

**图书在版编目（CIP）数据**

地球上的南北两极 / 刘珊珊编著 . —延吉：延边

大学出版社 , 2012.4（2021.1 重印）

ISBN 978-7-5634-4699-5

Ⅰ . ①地… Ⅱ . ①刘… Ⅲ . ①极地—青年读物②极地

—少年读物 Ⅳ . ① P941.6-49

中国版本图书馆 CIP 数据核字 (2012) 第 058607 号

**地球上的南北两极**

———————————————————————————

编　　　著：刘珊珊

责 任 编 辑：崔　军

封 面 设 计：映象视觉

出 版 发 行：延边大学出版社

社　　　址：吉林省延吉市公园路 977 号　　邮编：133002

网　　　址：http://www.ydcbs.com　E—mail：ydcbs@ydcbs.com

电　　　话：0433-2732435　传真：0433-2732434

发行部电话：0433-2732442　传真：0433-2733056

印　　　刷：唐山新苑印务有限公司

开　　　本：16K　690×960 毫米

印　　　张：10 印张

字　　　数：120 千字

版　　　次：2012 年 4 月第 1 版

印　　　次：2021 年 1 月第 3 次印刷

书　　　号：ISBN 978-7-5634-4699-5

———————————————————————————

定　　　价：29.80 元

# 前 言
Foreword

　　小时候在我们上地理课时几乎都会有这样的疑问："地球为什么会有南极和北极？"老师告诉我们的答案是："因为地球一边绕太阳转，一边绕地轴自转。地轴是通过地球中心的一条直径，它的两端与地球表面相交就开成了地球的两个极。"

　　地球之端，南极与北极的冰雪世界有太多的精彩之处吸引着我们。于是我们开始对两极有了很多的疑问：地理上的南北两极与地磁南北两极有什么不同？北极有人生活吗？如果有人，那么他们靠什么为生呢？南极为什么没有人？南极为什么比北极冷呢？北极都有什么？南极都有什么……

　　面对南极和北极我们总是有太多的问题，我们希望能掌握南北两极的秘密。但是，人类也只是掌握了南极和北极一部分的秘密，本书带你走进已知的南极与北极的冰雪世界。

　　北冰洋是一片冰封的大洋，它与一些岛屿组成了北极。北极有着世界第一大岛之称的格陵兰岛，有在这里生活了 3000 多年的因纽特人，有着让各国为之争夺的丰富矿产，漂流的冰山以及美丽的极夜。

　　在北极还生活着许多的极地动物：有着"北极的象征"之称的北极熊，"雪地精灵"的北极狐，童话中给圣诞老人拉车的北极驯鹿，浑身泛着香气的北极麝牛，壮烈赴死的旅鼠，鸟类中有着"飞行冠军"之称的北极燕鸥，可爱的海豹，还有海洋生物等很多的动物。

　　南极是人类最后发现的大陆，它是世界上最冷的大陆。独特的大地，神奇的景观，不仅吸引着各国的科学家前去考察驻足，还吸引了大批的游客去观光旅游。科学家们在南极考察它的气候对人的影响，探索它的神秘之处，发现在南极不仅有河流，还有一些咸水湖和淡水湖，像火星一样的干谷，丰富的矿藏，令人惊叹的南极植物。太多的秘密又吸引着世界各地的人们来南极探险旅游，人们对南极壮观的冰山发出惊叹，被南极可爱肥胖的企鹅所吸引，被无穷的冰雪天地所震撼。

　　人类在不停地探索，我们又知道了令人敬佩的先辈探险家对两极的探索史，也正是有了他们历经艰辛和付出生命的探索，我们才知道北极除了周围的小岛，整个北极都是属于冰封的北冰洋，没有任何大陆。知道了地球的南北磁点，没有时间之分的南极点和北极点，知道了世界最低温度摄氏－89.6℃是在南极的冰点测到的。

　　虽然现在的科学技术有着巨大的发展，很多国家都在南极建立考察站，中国、美国、俄罗斯、法国分别在南极"必争四点"最高点、南极点、最冰点、南极磁点建立考察站，但两极的探索因为环境和生态问题还是有很多的阻力和限制的。

　　人类对南北两极的探索，首先就要面对两极生态的课题，人类的活动正影响着南极与北极的生态环境，全球变暖、冰雪融化、南极臭氧洞、污染、极地动物的生理变化及死亡……一系列的两极环境问题在向人类发出警告：保护两极生态环境就是在保护自己。加大南北两极的生态保护是每个人、每个国家的责任。

# 第❶章

## 两极地区

# 第❷章

## 被冰雪覆盖的大陆——南极

# 第❸章

## 拥有大洋的极地——北极

# 第❹章

## 两极动物

# 第❺章

## 两极环境与污染

# 第❻章

## 两极探索

# 第❼章

## 被动的两极

第一章

两

极 地 区

LIANGJIDIQU

　　在地球上有两个特殊的地方，人们称之为"极地"。随着人类的逐渐探索，这两个地方越来越多地被人们认识，这就是南极和北极。

# 两极地区

*Liang Ji Di Qu*

## ◎南极地区

　　南极是根据地球旋转方式决定的最南点。它通常表示地理意义上的南极区域，有一个固定的位置。按照国际上通行的概念，南纬66.5度（南极圈）以南的所有地区都可以称为南极，它是南大洋及其岛屿和南极大陆的总称，总面积约为6500万平方千米。南极地区由围绕南极的大陆、陆缘冰和岛屿组成，其中大陆面积1239.3万平方千米，陆缘冰面积158.2万平方千米，岛屿面积7.6万平方千米，平均厚度为2000～4800米。

　　目前南极位于南极洲内，并插有标记。但由于大陆漂移原因，在地球的历史上，大多数时间南极洲都在距离南极很远的地方，而且，每隔一段时间，地理学家都要修正南极的位置。上一次修正南极位置的时间，是在南极地区踏入2000年时。

　　"南磁极"是地球两个磁极之一，它位于地理南极的附近，但是它的位置并不固定，而是一直游移不定。欧内斯特·沙克尔顿（Ernest Shackleton）带领他的探险队在翻越南极横断山脉时，经过多方面的科学考察，于1909年1月6日第一次发现了南磁极的位置。

　　地理意义上南纬66度34分纬线为南极圈。在极圈内会出现极昼和极夜现象，南半球以南极圈为分界线以南属于寒带以北属于温带。

　　南极洲包括南极大陆及其周围岛屿，总面积约为1400万平方千米，其中大陆面积为1239万平方千米，岛屿面积约7.6万平方千米，其海岸线长达2.47万千米，另外，南极洲约有158.2万平方千米的冰架。南极洲的面积约占地球陆地总面积的十分之一。

　　南极大陆是指南极洲除周围岛屿以外的陆地，是世界上发现最晚的大陆，在很长时间里，没有人到访过这里，它一直孤独地位于地球的最南端。南极大陆95%以上的面积被厚度极高的冰雪所覆盖，因此它素有"白色大陆"之称。在全球六块大陆中，南极大陆的面积仅大于澳大利亚大陆，排名第五。不过南极大陆和澳大利亚大陆是世界上仅有的被海洋包围着的大陆，其四周被太平洋、大西洋、印度洋包围，形成一个围绕它本身的巨大水圈，因此呈完全封闭状态。南极大陆是一块远离其他大陆、与文明世界完全隔绝的大陆，至今也没有常住居民，只有少量的科学考察人员轮流在为数不多的考察站临时居住和工作。

## ◎地形

横贯南极的山脉将南极大陆分为两部分——东南极洲和西南极洲。其中东南极洲面积较大，是由古老的地盾和准平原组成，横贯南极山脉绵延于地盾的边缘；西南极洲面积较小，属于一处褶皱带，由山地、高原和盆地组成。东西两部分之间有一沉陷地带，从罗斯海一直延伸到威德尔海。南极洲大陆海拔很高，平均海拔 2350 米，是地球上最高的洲，最高点是玛丽·伯德地的文森山，海拔 5140 米。

整个南极大陆几乎全部被冰雪所覆盖，冰层平均厚度有 1880 米，最厚达 4000 米以上。不仅如此，大陆周围的海洋上也有许多高大的冰障和冰山。全洲仅 2％的土地没有常年被冰雪覆盖，被称为南极冰原的"绿洲"，是动植物主要生息之地。仅有的"绿洲"上有高峰、干谷、湖泊和火山。南极可被称为绿洲的地方有班戈绿洲、麦克默多绿洲和南极半岛绿洲。南极大陆共有两座活火山，那就是欺骗岛上的欺骗岛火山和罗斯岛上

※ 南极洲

的埃里伯斯火山（又译埃拉波斯火山）。

在地球发展史中，南极并不是一直就在地球的最南端，科学家已经在地层中找到了相应的证据。在南极大陆还是冈瓦纳大陆一部分的时候，即距离现在3亿年前到2.5亿年前之间，这里就已经出现了冰盖，但现代南极大陆上的冰川和那时候的冰盖完全是两回事。冈瓦纳大陆从1.5亿年前开始分裂，在7000万年前南美、非洲、印度、南极洲和澳大利亚慢慢从中分离出来，5000万年前南极洲和澳大利亚又进一步分离，这时候的南极大陆才开始发育为冰川。

最新研究表明，距今3000万年前南极大陆便开始形成冰盖并逐渐覆盖了地面。在300万年～250万年前期间，南极冰盖再次退缩，海平面上升，东南极洲被海水淹没。人们推断这个时期南极洲也是相当温暖的。南极大陆现在的冰川始于距今5000万年前，在3000万年前形成非常大的冰盖，其后又经过了冰期和间冰期交替变化。约从250万年前才开始向现在这样发展变化。

## ◎南极之最

相较于其他大陆，四周被一片片茫茫大海包围的南极大陆相对封闭，因此南极大陆是世界上最孤立的大陆。

南极大陆是世界上最寒冷的大陆，世界上的最低温度-88.3度的记录就是在那里测到的。

南极大陆是世界上风最大的大陆，被叫做"暴风雪之家"，或者称为"风极"。

南极大陆是世界上平均海拔最高的大陆。

南极大陆是世界上最干燥的大陆，有人形象地把它叫做"白色的沙漠"。

## ◎北极地区

北极圈以北的广大地区都被称北极地方或北极地区，主要包括北冰洋沿岸亚、欧、北美三洲大陆北部及北冰洋中许多岛屿。

北极地区包括极区北冰洋、边缘陆地海岸带及岛屿、北极苔原和最外侧的泰加林带。如果以北极圈作为北极的边界，北极地区的总面积约为2100万平方千米，其中陆地面积占800万平方千米。也有一些科学家从物候学角度出发，以7月份平均10℃等温线（海洋以5℃等温线）作为北极地区的最南界，这样，北极地区的总面积就将扩大到2700万平方千米，其中陆地面积约 1200 万平方千米；而如果以植物种类的分布来划定北极，将把全部泰加林带归入北极范围，北极地区的面积就将超过 4000 万平方千米。不过北极地区究竟该怎样划分界线，环北极的各个国家标准也不统一，不过通常情况下，我们选择从地理学角度出发，以北极圈作为北极地区的界线。

※ 北冰洋

整个北极地区以浮冰覆盖的海洋——北冰洋（占总面积的 60%）为主，其周围是亚洲、欧洲和北美洲北部的永久冻土区，总面积为 2100 万平方千米，约占地球总面积的 1/25。其中北极圈以内的陆地面积约为 800 平方千米，其陆地部分分别属于俄罗斯、美国、加拿大、丹麦、挪威、

※ 格陵兰岛彼得曼冰川

冰岛、瑞典和芬兰八个环北极国家。北极地区的主要海域有格陵兰海、挪威海、巴伦支海和白海。著名的北磁极是西经 102°54′，北纬 78°12′。北极地区位于北极圈以北，它在地理位置上为亚、欧、北美三大地区所环抱，近于半封闭。

北冰洋位于北极周围，大致以北极为中心，被亚欧大陆和北美大陆所环抱。北冰洋虽然是四大洋中面积最小的一个，却是海岸线最曲折、岛屿众多的一个洋。

北冰洋的总面积为 1230 万平方千米，占海洋总面积 3.6%，体积 1700 万立方千米，占海洋总体积的 1.24%。北冰洋的水平轮廓近似于一个半封闭性的地中海，海岸线十分曲折零碎。

北冰洋的平面图略呈椭圆形，沿短轴方向相间排列着三条主要海脊和两大海盆。三条海脊是北冰洋中脊、罗蒙诺索夫海岭和门捷列夫海岭；两大海盆是欧亚海盆和加拿大海盆。

北冰洋洋底地形十分复杂且特殊，其最突出的特点是大陆架发育广阔，面积约 400 万平方千米，占整个北冰洋面积的1/3。它的大陆架分布也不均匀，在亚洲大陆以北，其大陆架从海岸一直向北延伸 1000～1200 千米；而北美洲大陆以北，其大陆架比较狭窄，只有 20～30 千米。

在北极点附近，每年将近有六个月是无昼的黑夜（10 月～次年 3 月），这时高空会有光彩夺目的极光出现，一般呈现带状、弧状、幕状或放射状，北纬 70 度附近常见。其余半年是无夜的白昼。

格陵兰岛是世界上最大的岛，面积 216 万 6,086 平方千米。其中 90％的面积（约 180 万平方千米）常年被冰雪覆盖，形成了格陵兰冰盖。格陵兰冰盖是世界最大的冰盖之一，该冰盖的平均厚度达到 2300 米，与南极冰盖的平均厚度 2400 米相似。几乎被冰雪完全覆盖的格陵兰岛，它的冰雪的总量非常可观，约为 300 万立方千米，将近占全球总冰量的 9％，冻结的水量约等于世界冰盖冻结总水量的 10％。若全球变暖继续下去，如果这些冰量全部融化，全球海平面将上升 7.5 米，那将会是毁灭性的灾害。

地磁北极：地球是一个具有磁场强度不均匀变化的球体，19 世纪 20 年代，德国著名数学家高斯发表了关于地球磁场的理论，将地球视为一个具有均匀磁场强度的球体，而用数学推导出的磁极，称为地球的地磁南北极，是一个用于理论分析地球及其磁场随时空变化的理论值，它与地球南北极并不一致，其间存在 $11°30'$ 的夹角。北半球的地磁极称为地磁南极（南半球的地磁称为地磁北极），1996 年，地磁南极的坐标为 79.3°N，71.5°W。

## ◎北极圈之最

北极圈内最大的港口城市——纳尔维克港。纳尔维克港是挪威北极圈内最大的港口城市，也是瑞典、芬兰北部重要的出海口，在挪威海沿岸的乌夫特峡湾的东南岸。这个港口城市有一万多人。

世界最北的植物园：位于北极的喀拉半岛，即使在正常的夏天，也会遇到暴风雪或者霜冻的危险。可是，这里的花草、水果照样生长得很茂盛。在离基洛夫斯克城不远的地方，有一个"北极——阿尔卑斯植物园"，它是前苏联最大的植物园之一，也是世界上最北面的植物园。

北极最冷的地方：北极冬季均温零下 20 摄氏度，许多地方零下 33 摄氏度，最冷之处距极点 2898 千米处的西伯利来东北部的欧米亚仑真附近，达零下 53 摄氏度。

▶ 知 识 窗

　　长期以来北极熊被人们认为是最耐寒动物的象征。在北极的"居民"中是否还有比它更耐寒的动物呢？挪威的科学家曾经对北极地区的动物作了一次耐寒试验。结果证明，耐寒冠军的荣誉应归功于北极鸭。因为北极鸭能经受零下110摄氏度寒冷的考验，其次是海豹，然后才是北极白熊。

| 拓展思考 |

1. 你还知道哪些南极和北极之最？
2. 说出北极和南极地形的异同。

地球上的南北两极

# 南极和北极的资源

Nan Ji He Bei Ji De Zi Yuan

## ◎南极丰富的资源

可以说南极地区是真正的地大物博，冰雪覆盖的地表之下有丰富的资源。南极洲蕴藏丰富的矿物，已经发现的种类约有 220 余种，主要有煤、石油、天然气、铂、铀、铁、锰、铜、镍、钴、铬、铅、锡、锌、金、铝、锑、石墨、银、金刚石等。这些矿物主要分布在东南极洲、南极半岛和沿海岛屿地区，如维多利亚地有大面积煤田，南部有金、银和石墨矿，整个西部大陆架的石油、天然气均很丰富，查尔斯王子山发现巨大铁矿带，乔治五世海岸蕴藏有锡、铅、锑、钼、锌、铜等，南极半岛中央部分有锰和铜矿，沿海的阿斯普兰岛有镍、钴、铬等矿，桑威奇岛和埃里伯斯火山储有硫磺。根据南极洲有大煤田的事实，可以推想它曾一度位于温暖的纬度地带，才能有茂密森林经地质作用而形成煤田，后来经过长途漂移，才来到现今的位置。南极大陆二叠纪煤层主要分布于南极洲的冰盖下面，储量约为 5000 亿吨。

据已查明的资源分布来看，南极地区的煤、铁和石油的储量均为世界第一，其他的矿产资源还正在勘测过程中。可望发现更多更丰富的矿产资源，为人类利用这些资源提出科学依据。

铁矿是南极最富有的矿产资源之一。在南极大陆，铁矿主要分布在东南极洲。据科学家们勘测，在查尔斯王子山脉南部的地层内，在晚太古至元古代时期形成的，有一条厚度达 400 米，长 120～180 千米，宽 5 千米～10 千米的条带状富磁铁矿岩层，矿石平均品位达 32％～58％，是具有工业开采价值的富铁矿床，初步估算其蕴藏量可供全世界开发利用 200 年，是当今世界最大的富铁矿藏。有趣的是，如果沿着南极洲查尔斯王子山脉所在的经度范围（北纬 60 度至北纬 70 度）一直往北走，几乎在相同经度差不多对称的北极地区，又是一片世界级大铁矿地区。

南极地区的石油储存量也很丰富，约 500～1000 亿桶，天然气储量约为 30000～50000 亿立方米。南极的罗斯海、威德尔海和别林斯高晋海以及南极大陆架均是油田和天然气的主要产地。

除了以上丰富的矿产，南极洲腹地几乎是一片不毛之地。那里仅有的生物就是一些简单的植物和一两种昆虫。但是，海洋里却充满了生机，那里有海藻、珊瑚、海星和海绵，大海里还有许许多多叫做磷虾的微小生物，磷虾为南极洲众多的鱼类、海鸟、海豹、企鹅以及鲸提供了食物来源。

气候严寒的南极洲，植物难于生长，偶而可以见到一些苔藓、地衣等植物，这些植物也十分稀少。不过，海岸和岛屿周围及附近有鸟类和海兽生存。鸟类以企鹅为主，它们是南极的"常住居民"，南极到夏天时，企鹅常聚集在沿海一带，构成有代表性的南极景象。海兽主要有海豹、海狮和海豚等。大陆周围的海洋里，鲸成群，为世界重要的捕鲸区。但是由于捕杀过甚，鲸的数量正在大量减少，海豹等海兽也几乎绝迹。南极附近的海洋中还有极多营养丰富的小磷虾。南极周围海洋中盛产磷虾，估计年捕获量可达 10.5 亿吨，可供人类对水产品的需求。

## ◎淡水储藏地

南极洲是个巨大的天然"冷库"，是世界上淡水的重要储藏地。

地球的淡水资源仅占其总水量的 2.5%，而在这极少的淡水资源中，又有 70% 以上被冻结在南极和北极的冰盖中。而南极又占了两极冰盖的 90%，就是说，南极占了冰川水的 90%，全世界的冰川水约 2400 万立方千米，那么南极就有 2160 万立方千米。

## ◎北极的资源

北极地区蕴藏着丰富的石油、天然气、矿物和渔业资源。但是现阶段开发北极地区油气资源在技术上还不可行，而全球变暖正在使北极地区冰面以每 10 年 9% 左右的速度消失，油气开发今后可能会有可行开发的方案。

据美国地质勘探局发表报告称，北极圈内可利用石油储量预计为 900 亿桶，这个存储量可以满足全球近 3 年的石油的需求量。英国《金融时报》报道指出，该报告很可能加剧各国在北极地区的主权争夺战，俄罗斯、美国、丹麦、挪威及加拿大均曾表示对该地区有控制权。

地质勘探局在第一份北极圈资源公开报告中说，北极圈分别拥有全球未探明石油储量的 13% 左右以及全球未探明天然气储量的 30%。其中，这一地区的天然气储量为 47 万亿立方米。美国地质勘探局说：广阔的北极大陆架可能构成了地球上最大一块尚未探知剩余石油的地区。

2007 年，俄罗斯在北极点下 4000 米的海床上插下国旗，这一举动立即引起其他各国对争抢北极矿产资源的担心，特别是对那丰富的石油及天然气资源的担心。丹麦在格陵兰岛的伊路利萨特主持北极圈五国峰会，试图抑制可能的争夺，重申各国应履行《联合国海洋法公约》的规定，要按公约管理领海事宜。

根据现行的《联合国海洋法公约》，由于没有证据表明任何一个国家的大陆架延伸至北极，因此北极点及附近地区不属于任何国家，北极点周边为冰所覆盖的北冰洋被视为国际海域。

然而，北极圈矿产资源储量进一步的探明也遭到了一些环保主义者的担忧，这种担忧并不是杞人忧天。

## ◎ 旅游资源

虽然北极很冷并不适合人类居住，但是却有地球上最奇特的自然景观。在北极点附近，每年近六个月是无昼的黑夜（10 月至次年 3 月），这时高空常有光彩夺目的极光出现，极光一般呈带状、弧状、幕状或放射状，北纬 70°附近比较常见。在我国的漠北地区也有机会观测到这一景观。不过北极其余半年则是无夜的白昼。

## ◎ 生物资源

北极地区的海洋生物相当丰富，不过这些生物大都是靠近陆地为最多，越深入北冰洋则越少。邻近大西洋边缘地区有范围辽阔的鱼区分布，因为这里遍布繁茂的藻类（绿藻、褐藻和红藻）。海洋里有白熊、海象、海豹、鲸、鲱、鳕等动物。苔原中多生存着拥有贵重皮毛的雪兔、北极狐。此外还有驯鹿、极犬等。

▶ 知 识 窗

领土要求国与非领土要求国：虽然《公约》在某种程度上平衡了两者的利益，在字面上似乎大家都得到了利益，在机构设置上也考虑了领土要求和非领土要求国之间的经济利益，但是今后如果《公约》实施，主权问题是不可避免的，因为主权问题是牵制解决南极资源问题很重要的条件。

▌拓展思考▐

1. 极光出现的条件是什么？
2. 你觉得现在有开采南极和北极资源的必要吗？

# 被

## 冰雪覆盖的大陆——南极

BEIBINGXUEFUGAIDEDALU——NANJI

第二章

这是一个属于冰雪的大陆，是人类最后发现的、无人居住的大陆。被单调的、唯一的白色覆盖的大陆下，又有着怎样的面目呢？想揭开它的神秘面吗？本章就为你做详细的介绍。

# 南极大陆的概念

*Nan Ji Da Lu De Gai Nian*

**南**极被人们称为第七大陆，它是地球上最后一个被发现的大陆。一直到现在，这里也是唯一没有土著人及常住居民居住的大陆。环绕南极大陆的大洋有太平洋、大西洋、印度洋，这三个大洋形成一个围绕地球的巨大水圈，使其在地域上呈完全封闭状态。在这种封闭状况影响下，它也成为一块远离其他大陆、与文明世界完全隔绝的大陆。南极大陆的总面积为1390万平方千米，相当于中国和印巴次大陆面积的总和，居世界各洲第五位。其中大陆面积为1239万平方千米，岛屿面积约7.6万平方千米，海岸线长达2.47万千米。南极洲另有约158.2万平方千米的冰架。整个南极大陆被一个巨大的冰盖所覆盖，这些冰盖很厚，其平均海拔为2350米。

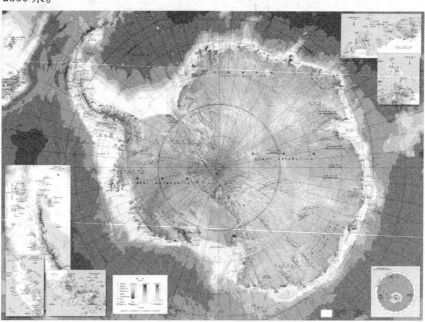

※ 地图上的南极

## ◎形成

世界上海拔最高的大陆南极洲原是古冈瓦那大陆的核心部分，大约在1.85亿年前，古冈瓦那大陆先后分裂为南极大陆、非洲南美洲板块、印度板块、澳洲板块，并且这些板块相继与之脱离。大约在1.35亿年前，非洲南美板块一分为二，形成了非洲板块与南美板块。澳洲板块是最后从古冈瓦那大陆上断裂下来的，大约5500万年前澳洲板块飘然北上，古冈瓦纳大陆最终只剩下了南极洲，之后形成了现在的南极洲。

## ◎地形

南极大陆由横贯南极的山脉将其一分为二，分为东南极洲和西南极洲。东南极洲有非常古老的历史，据科学家推算出的数据来看，已有30亿年的历史。东南极洲很大，它的中心位于南极点，从任何海边到南极点的距离都很远。它是由很古老的地盾和准平原组成，横贯南极山脉绵延于地盾的边缘。东南极洲平均海拔高度2500米，最大高度4800米。南极大陆最大的活火山——埃里伯斯火山就在东南极洲，位于罗斯岛上的埃里伯斯火山，海拔高度3795米，有4个喷火口。

相对于东南极洲，西南极洲面积较小，主要是一处褶皱带，由山地、高原和盆地组成。西南极洲冰的体积和厚度也小，不过它的年降水量稍多于东南极洲。东西两部分之间有一沉陷地带，从罗斯海一直延伸到威德尔海。西南极洲面积只有东南极洲面积的一半，是个群岛，其中有些小岛位于海平面以下。但所有的岛屿都被大陆冰盖所覆盖。玛丽伯德地南部、埃尔斯沃斯地、罗斯冰架和毛德皇后地这些较古老的部分是由花冈岩和沉积岩组成的山系。该山系向南延伸至向北突出的南极半岛的中部。西南极洲的北部是较高的部分，是由第三纪地质时期的火山运动造成的。位于西南极洲的文森山地海拔5140米，是南极洲的最高处。

南极洲大陆平均海拔2350米，是地球上海拔最高的洲。南极大陆98%的地域被一个永久冰盖所覆盖，这个冰盖的直径为4500千米，其平均厚度为2000米，最厚处达4750米。南极冬夏两季的冰架面积相差较大，夏季冰架面积达265万平方千米，冬季可扩展到南纬55度，达1880万平方千米。总贮冰量为2930万立方千米，占全球冰总量的90%。如果它融化，全球海平面将上升大约60米。南极冰盖将1/3的南极大陆压沉到海平面之下，有的地方甚至被压至1000米以下。南极冰川形成原因有规律可循，主要是南极冰盖自中心向外扩展，在山谷状地形条件下，冰的运动呈流动状，于是形成冰川。冰川运动速度从 100 米至 1000 米不等。每年会有一些冰块因断裂而被排入海洋形成冰山。

※ 南极冰山

在南极大陆周围的海洋上存在许多高大的冰障和冰山。沿海触地冰山可存在多年，未触地冰山受潮汐与海流作用漂移北上而逐渐融化。全洲仅 2% 的土地无长年冰雪覆盖，被称为南极冰原的"绿洲"，是动植物主要生息之地。"绿洲"上有高峰、干谷、湖泊和火山。南极大陆仅有的两座活火山，即欺骗岛上的欺骗岛火山和罗斯岛上的埃里伯斯火山（又译埃拉波斯火山）。其中，欺骗岛火山在 1969 年 2 月喷发时，将设在那里的科学考察站顷刻间化为灰烬，直到现在，人们仍然对此心有余悸。

## ◎南磁极

"南磁极"是地球两个磁极之一，它位于地理南极的附近，但是它的位置在缓慢并不断的变化着。1909 年 1 月 16 日，由欧内斯特·沙克尔顿（Ernest Shackleton）带领的探险队发现了南磁极，与之相对应的地球另一个磁极就是北磁极。

> 知识窗
>
> **·关于地磁·**
>
> 地磁是指地球磁轴与地球表面相交的两点。南极磁点即为地磁的南极。南磁极是表示它是地球磁场最强的地方。
>
> 但在中国和外国对于地磁磁极的定义是不一样的。因地球的磁力线是从北极到南极的，所以，中国认为地磁北极在南极附近，地磁南北极与地理上的南北极方向是相反的。但是在国外将两个地磁极点定义为"地球磁轴与地球表面相交的交点。"两种定义各有各的好处，在本文是用的国外定义。

## ◎风速

达到 12 级的风可以在太平洋上形成热带风暴（台风），但是在南极，12 级以上的暴风却是家常便饭，风速在每小时 100 千米以上的大风在南极经常可以遇到，可以说风暴最频繁、风力最大的大陆就是南极大陆。南极"西风带"是海上航行最危险的地区，在南纬 50～70 度之间，自西向东的低压气旋接连不断，有时多达 6～7 个，风速可达每小时 85 千米。而自南极大陆海拔高的极点地区向地势低缓的沿海地区运动的"下降风"，风势尤为强烈，其速度最大可达到 300 千米/小时，而且持续力强，有时可连刮数日。南极大陆沿海地带的风力最大，平均风速为每秒 17～18 米，而东南极大陆沿海一带风力最强，风速可达每秒 40～50 米。

迄今为止，世界上记录到的最大的风是在法国南极观测站"迪尔维尔"测到的每秒 100 米的大风，相当 12 级台风风速的 3 倍，而它的破坏力相当于 12 级台风的近 10 倍。因此，南极又被称之为"风极"。

## ◎极光

极光是由太阳带电的粒子碰撞地球的两极的磁场，在天空中发生放电时所产生的现象。太阳是一个庞大而炽热的气体球，在它的内部和表面进行着各种化学元素的核反应，产生了强大的带电微粒流，并从太阳发射出来，用极大的速度射向周围的空间。当这种带电微粒流射入地球外围那稀薄的高空大气层时，就与稀薄气体的分子猛烈地冲击起来，于是产生了发光现象，这就是极光。

当南极处于极夜时，南极圈附近就会出现光彩夺目的极光。极光的颜色并不单调，有的是黄绿色的，有的是红色、紫色、蓝色；而且极光的形状也不固定，有的像空中垂下的帘幕随风摆动，有的像不断攒动的火苗映红天空，有的像强大的探照灯光，在天空摇曳。极光存在的时间也有差别，有的光华一闪，倏然即逝，有的持续很长时间。

---

**拓展思考**

1. 南极的极昼极夜是在一年的什么时期？
2. 从南极的冰山联想世界最高峰珠穆朗玛峰的特点？
3. 我国风速最快的地区是哪里？

# 南极的气候

Nan Ji De Qi Hou

因为南极冰盖将 80% 的太阳辐射反射掉了，致使南极热量入不敷出，成为永久性冰封雪覆的大陆，导致南极的气温很低，因此南极也素有"寒极"之称。

南极大陆由于海拔高，空气稀薄，再加上冰雪表面对太阳辐射的反射等，使得其成为世界上最为寒冷的地区，它的平均气温比同样寒冷的北极还要低。南极大陆的年平均气温为 -25℃。南极地区的气温和各地区的地理位置有关：南极沿海地区的年平均温度为 -17℃～20℃左右；而内陆地区为年平均温度则为 -40℃～50℃；东南极高原地区最为寒冷，年平均气温低达 -57℃。1983 年 7 月，俄罗斯在南极设立的"东方"站记录到的零下 89.6 摄氏度是目前为止地球上观测到的最低气温，在这样的低温下，普通的钢铁会变得像玻璃一般脆；如果把一杯水泼向空中，落下来的就会是一片冰晶。

处于地球最南端的南极低温高寒的原因，首先与它高纬度地理位置有关，正是由于高纬度地理位置，导致了南极在一年中有漫长的时间没有太阳光从而进入极夜。同时，也与太阳光线入射角有关，纬度越高，阳光的入射角越小，单位面积所吸收的太阳热能越少。作为地球上纬度最高的地区的南极，太阳的入射角最小，这样一来，阳光只能斜射到地表，而斜射的阳光热量又最低；再者，南极大陆地表 95% 被白色的冰雪覆盖，冰雪对日照的反射率为 80～84%，只剩下不足 20% 到达地面，而少有的到达地面的热量又大部分被反射回太空。南极的高海拔和相对稀薄的空气又不利于热量保存，种种原因导致了南极异常寒冷。

南极除了是世界最冷的地方，还是世界上风力最大的地区。那里平均每年 8 级以上的大风有 300 天，年平均风速 19.4 米/秒。南极之所以有这样强大的风暴，原因在于南极大陆雪面温度低，附近的空气迅速被冷却收缩而变重，使其密度增大。同时，就像一块中部厚、四周薄的"铁饼"的冰盖覆盖着南极大陆，让那里形成一个中心高于沿海地区的陡坡地形。变重了的冷空气从内陆高处沿斜面急剧下滑，到了沿海地带，因地势骤然下降，使冷气流下滑的速度加大，于是形成了强劲的、速度极快的下降风。

※ 南极的冰雪

南极有风的日子很长并且风速很大，最大风速每秒可达百米左右，比每秒 33 米的 12 级大风还高出近 3 倍，这样大的风速可以把 200 多千克的大油桶抛起来，抛到几千米以外也是轻而易举，掀翻停机场上的飞机更是轻而易举。大风在南极沿海地带非常普遍，如德尼森岬一年中有 340 天刮风暴，因此，南极成了名符其实的"风暴王国"。

南极洲各地区的风力并不是完全相同，是因地而异。一般而言，海岸附近的风势最强，平均风速为 17～18 米/秒。其中东南极洲的恩德比地沿海到阿黛利地沿岸一带的风力最强，风速可达 40～50 米/秒。

与其他纬度带相比，南极没有明显四季之分，仅有暖、寒季的区别。南极的暖季是 11 月至次年 3 月，而寒季则从 4 月持续至 10 月。就算在暖季时，沿岸地带平均温度也很少超过 0℃，内陆地区平均温度为－20℃～－35℃；寒季时，沿岸地带的平均温度更是低至－20℃～－30℃，内陆地区为－40℃～－70℃。在 1967 年初，挪威在极点附近曾测得－94.5℃的低温。不过这可能还不是最低温度，据估计，在东南极洲上可能存在－95℃～－100℃的低温。通常情况下温度与纬度和海拔相关，同样的南极气温也随纬度与海拔的升高而下降。

虽然这里冰雪很多，但是绝大部分地区降水量不足 250 毫米，仅大陆

17

边缘地区可达 500 毫米左右。全洲年平均降水量为 55 毫米，大陆内部年降水量仅 30 毫米左右，极点附近几乎无降水。降水量稀少，空气非常干燥，因此这里有"白色荒漠"之称。

## ◎南极点气候

南极点终年被冰雪覆盖，冰雪厚度达 2000 米，海拔高度为 3800 米，气候更是异常恶劣，就拿温度来说，南极点的年平均气温为零下 49 度，即使是夏季平均气温也为零下 32 度，冬季平均气温为零下 78 度，最低气温为零下 89 度，另外年平均降水量为 3 毫米。

### ·南极点的特点·

它是地球上没有方向性的两个点之一（另一个点是北极点），站在南极点上，只有北方一个方向；在南极点，太阳一年只升落一次，有半年太阳永不落，全是白天，太阳在离地平线不高的地方绕南极点一圈一圈地转，一直不落下，又称"极昼"，有半年见不到太阳，全是黑夜，又称"极夜"；如果说沿着地球的某一条纬线转一圈就算绕地球一圈的话，在南极点是最省力的方法，只需要几秒钟就能环球一周；在南极点，没有时间之分，因为地球上的经线在这里交汇，南极点可以属于任何一个时区；在南极点，你还可以一只脚在东半球，另一只脚在西半球；你可以一半身体属于今天，另一半身体属于昨天。

## ◎南极的冬季

南极周围海面在严寒气候影响下结冰，这时海冰完全封住了整个大陆，并且影响力还会向低纬度扩展，可向北伸展到南纬 55 度。一般在每年的 9 月份，海冰的面积达到最大值，海冰面积最多时，被海冰覆盖的海洋面积达 2000 万平方千米，这一面积比南极大陆本身面积还要大。每年夏天，海冰的范围一般是在 2 月底达到最小值，这一时期会有 85% 的海冰漂流到不冻海域融化掉，甚至在许多地方，海冰一直融化到海岸，海冰面积最小时船舶可以直接航行到岸边。同时，海冰是常流动的，南极海冰每天最多可流动 65 千米。

## ◎冰原气候

冰原气候分布在南极大陆和格陵兰高原，是极地气候带的气候型之一。终年冰雪覆盖，所以也叫冰漠气候、冰原气候或者永冻气候。最热月气温在 0℃ 以下，气流下沉，降水稀少，年降水量在 100 毫米以下，都是以雪的形式降落，风速常常在 25 米/秒以上，最大风速超过 100 米/秒，常把吹雪称为雪暴。

## ◎极地冰原气候

由于分布在极地及其附近地区，包括格陵兰、北冰洋的若干岛屿和南极大陆冰原高原，处于地球的最高纬度，太阳高度角终年很低，有时候几乎为零，因此，这里是冰洋气团和南极气团的发源地。

极地冰原气候区昼夜长短变化最大，有极昼和极夜现象，无明显的四季变化。极地气候区占地球总面积的 10%。

极地冰原气候的主要特征是夏季短暂且阴冷，冬季漫长而严寒。年温差大，北半球温带和寒带交界的地带，夏季最暖月均温在 10℃ 以上的地区，有广大的寒带针叶林，是世界木材的主要供应地。

极地冰原气候区降水量稀少，以降雪为主，太阳辐射弱，地面辐射强，出现过地球上的极端最低气温。极地冰原气候区的土壤为冰沼土和永冻土，植被稀少，代表动物是北极熊和企鹅，有极光景观。

---

**‖ 拓展思考 ‖**

1. 南极的阳光照耀到人身上有什么伤害？
2. 世界第二高地青藏高原的气候特点是什么？
3. 南极与世界第二高地青藏高原的气候有什么不同？

---

# 南极冰山

*Nan Ji Bing Shan*

到达南极的人通常会被洁白壮美的冰山所吸引，壮丽纯白的冰山能赢得所有人的赞叹，其中平台状冰山是南极特有的，也是最使人难忘的冰山。远远望去，冰洁的雪体，壮美的身姿，浑然天成的大自然杰作，它以独有的姿态覆盖坐落在南极这片洁净之地，令人震撼，让人不觉心折。

在南极，大陆冰床和冰架上断裂可以形成冰山，这些冰山刚断时通常都是平台状，平台状冰山数量非常多，并且比北极的冰山大许多，这些冰山大的面积有时可达数十平方千米，个别的可长达近 200 千米。它们的顶部非常平坦，甚至可以作为轻型飞机的机场。这些冰山有一定的高度，通常高于水面几十米，不止在水面以上，它水面以下也可达 200～300 米。随着不断的消融，这些冰山会进一步地分裂、翻转、坍塌伴随着海流海浪的作用，会形成各种形状的小型冰山。在海流和风的推动下，南极冰山会以每天 10～20 千米的速度移动。

在南极沿岸分布的冰山中，会有一些是从冰川口的"冰舌"上刚分裂下来的"新生冰山"，不过这些冰山的重心很不稳定，容易发生翻滚和倒塌。另外，冰山消融变酥，也会使其发生塌落或崩裂，这种情况通常会在气温升高的夏季发生，在 2 月底这一现象更为多见。中国南极中山站沿岸就在冰山群附近，也就经常会看到冰山的塌落和听到冰山崩裂的响声。可以想象，巨大的冰体从 50～60 米高的冰山上塌落入海，它们可掀起 3～5 米高的涌浪，此时在其附近活动的船舶就会具有较大的危险。1998 年 2 月，中山站附近一个体积巨大的冰山发生翻转，距离它几千米的 2 万吨级的中国"雪龙"号船竟然左右摇

※ 高出海面的平台状冰山

摆到十几度。

山岳冰川离开粒雪盆后的冰体部分，呈舌状，故名冰舌。与消融区大体相当，是冰川作用最活跃的一段。冰舌的最前端部分也称为冰川末端。冰面常发育冰面水、冰裂隙等。舌前端有轻陆的冰，下方有冰洞，涌出大量的冰川水。表面常有冰面流水，冰裂隙，冰内还能形成冰洞、冰钟乳、冰下河，其前端常因冰雪补给和消融对比的变化而变化，发生冰川的进退。冰舌的长度、宽度大小差异很大，由冰川形成和发展的条件决定。

## ◎冰山的漂移

南极冰山在南大洋水域的运动有规律可循，它的运动与这里的大气环流、表层水流相一致，尤其在南极岸边，冰山的漂移取决于海流，闭合式圆环是这里常见到的冰山漂移轨迹。在南极沿岸流域的北边上，冰山随着漂移逐渐向北方过渡，然后进入南极环极流的稳定区。由于受到水文气象要素的综合影响，冰山运动相当复杂。当冰山海面高度为数十米，吃水深度达 500 米时，它们的漂移速度，甚至于在漂移方向上都与海冰不同。不仅如此，一些单独的冰山可能会有不同的体积和形状，它们的体积和形状不同，即使在同一海区，也会使它们的漂移方向和漂移速度各不相同。在南极沿岸流区域，冰山漂移的平均速度约为每小时 500 米。冰山在南极环极流区

※ 在海面漂移的冰山

域的漂移速度略高一些。由于冰山具有一定的高度，风对冰山的运动也会产生较大的影响，此时冰山运动速度可能超过海冰运动速度。同样原因，冰山的漂移速度根据风力大小和合成风速与表层水和冰块总运动方向的相对位置，一般速度不超过每小时 2 千米。相对的在无风条件下，冰山运动通常比冰块和表层水的运动要慢。

漂浮的冰山运动方向并不是一直不变，当风向变换或者存在水下逆向海流时，在与海冰漂移的相反方向上运动的漂浮冰山也是可能存在的，这种现象在南极区不少见。

地球上的南北两极

南极冰山有时会在水深较浅的海域搁浅，在南极的冬季，海冰也会将大量的冰山冻结住，在这样的情况下，冰山是不移动的。

## ◎冰山体积

我们常常会用"冰山的一角"来形容某个事物只出现一小部分，由此可见大家都知道，冰山的水面以上部分并不是冰山的全部，而且只占其全部体积的很少部分，不过冰山在水面上下的具体比例就很少有人可以说出来了。冰山水上部分的体积大约只有总体积的七分之一，这个数值并不是个固定数值，冰山形状的不同也决定了这个数值的变化，南极冰山水上部分与水下部分的高度之比变化很大，例如：对于桌状冰山，这个比例大约等于0：2。冰山宽度与长度的平均比大约是0：6。

南极和北极的冰山有时非常巨大，远远超出人们的想象。其中从南极洲冰川末端和冰架滑落的冰山数量最多，规模最大，这些冰山多呈桌状延展。1956年11月12日，美国破冰船"冰川"号，在南太平洋斯科特岛以西240千米附近，发现一座冰山，这座冰山长335千米，宽97千米，面积达31,000平方千米，相当一个比利时国家的面积，是世界大洋上发现的最大冰山。1958年冬天，美国破冰船"东方"号，在格陵兰以西的大西洋洋面，发现一个面积360平方千米的冰山，虽然面积不大，但是高出海面就高达167米，是至今为止发现的最高的冰山。

## ◎冰川

冰川亦称冰河，在年平均气温在0℃以下的地区，因为非常寒冷，降雪量会大于融雪量，不断积累的积雪经过一系列物理变化后转化为冰川冰，并在自身的压力作用下向坡下运动。冰川是以固态存在，它是地球上最大的淡水资源，也是地球上继海洋以后最大的天然水库。冰山分布很广，七大洲都有冰山分布。

天寒才可能成冰，冰川存在于极寒之地。地球上只有南极和北极是终年严寒的，在其他地区就只有高海拔的山上才具有能形成冰川的条件。在南极和北极圈内的格陵兰岛上，冰川是发育在一片大陆上的，所以两极地区的冰川又名大陆冰川（或者大陆冰盖），覆盖范围较广，这里的冰川历史很长，是冰河时期遗留下来的。而在其他地区冰川只能发育在高山上，所以称这种冰川为山岳冰川。在高山上冰川能够发育，除了要求有一定的海拔外，还有另一个要求，就是高山不要过于陡峭。如果山峰过于陡峭，降落的雪就会顺坡而下，不能累积，也就形不成积雪。

大陆冰川多分布于高纬地区，因为是以巨大面积和巨大厚度作盖层状覆盖，故又称其为冰盖，其中一部分也可成为单独的冰川。如东南极洲南纬 70 度～75 度和东经 60 度～70 度之间的大冰川，1956～1957 年间由澳大利亚极地考察家发现，定名兰伯特冰川，冰川宽 64 千米，与上游的梅洛尔冰川合计长约 402 千米，与费舍尔冰川的支冰川合并计算，总长有 514 千米。一般认为这是至今所发现的最长的冰川。

大陆冰川是补给区占优势的冰川，基本覆盖着整个岛屿与大陆的巨大冰块，又称大陆冰盖或冰被，其特点是面积大、冰层巨厚，可达数千米，分布不受下伏地形的限制。冰川基本呈盾形，中间最高，向四

※ 我国南极考察队测量达尔克冰川

周呈辐射状流动。南极洲差不多全部都被一个平均接近 1，980 米厚的冰川覆盖着，其东部冰层厚度可达 4267 米。格陵兰冰盖覆盖的面积超过 180 万平方千米，实测最大厚度约 3，350 米。南极冰盖和格陵兰冰盖是地球上有两大冰盖，它们约占世界冰川总体积的 99％，其中南极冰盖占 90％。南极大陆除个别高峰外，几乎全部被冰覆盖，其东部冰层厚度可达 4267 米。格陵兰是世界上最大的岛屿，而且冰川覆盖面积很广，约有 83％的面积为冰川覆盖。

那些分布于极地或高纬地区的大面积冰川，因条件适合冰川形成，厚度往往超过千米。大陆冰盖中心部分为积累区，边缘为消融区。特征是表面大致平缓，中部略厚，呈盾形，间有冰原石山突出冰上。在海岸一带，冰从冰盖中央向四周缓慢流动，最后流到海洋中崩解形成为飘浮的冰山。

▶ 知识窗

　　规模巨大的冰架是南极特有的景观。在南极大陆周围，越接近大陆的边缘，冰厚变得越薄，并伸向海洋，在海洋，海冰浮在水面上，形成了宽广的冰架。也就是说，冰架是南极冰盖向海洋中的延伸部分，这些冰架的平均厚度为 475 米，最大的冰架是罗斯冰架、菲尔希纳冰架、龙尼冰架和亚美利冰架。加上这些冰架，南极大陆面积可增加 150 万平方千米。冰架能以每年 2500 米的速度移向海洋，在它的边缘，断裂的冰架渐渐漂移到海洋中，形成巨大的冰山。

## ◎冰山与船只航行

　　在有冰山的地带航行要特别注意，因为有的"金字塔"形或尖顶形冰山水面平静，但是其水下可能伸出巨大的底盘，也有水下处于同一个地盘但是远处看上去为两座相隔的冰山这种情况，这类冰山水下的伸出部分就像暗礁一样，会给距离较近的船舶带来极大的威胁。所以，即使拥有现代化的航行保障手段和坚固的破冰船，不论在远海还是在近岸，冰山仍然是南极海域航行与作业的重要障碍之一，对现代化的考察船构成的威胁仍然不容小觑。

　　不同的纬度和季节，海冰的厚度从几十厘米到两米以上不等，通常纬度高的地方、离岸边近的地方、海湾内部的海冰较厚，反之则薄。由于海冰的存在，一般只有破冰船才敢在南极周围水域航行。南极海冰虽然给航行带来了巨大的困难，同时因为沿岸结实的海冰也给近岸

※ 我国极地破冰船"雪龙号"

的考察站的物资补给提供了方便：输油时从船到考察站之间的海冰上架设输油管，比起等海冰融化后用小艇卸油又快又省事；将物资用吊车放到冰面上，用履带式雪地车可以直接拖到考察站，甚至有些大型车辆可以从海冰上直接开到岸上，若不是海冰足够坚实，此举根本不可行。

| 拓展思考 |
| --- |

1. 南极的海冰对航船都有哪些危害？
2. 漂移在海洋里的冰山在怎样的情况下消融？

# 南极的河流湖泊

*Nan Ji De He Liu Hu Bo*

**很**多人都认为在冰层厚度平均为 1880 米的南极大陆上是不可能有河流的，因为那里的酷寒可以说是"滴水成冰"。其实不然，南极是有河流的，虽然这些河流与我们通常意义上的河流不同，它们都是一些暂时性的河流，它们的存在形式较独特，形成和演变的规律也不寻常，河流更具特色。

这些河流分布有局限，大都分布在沿海地带和无冰覆盖的"绿洲"里。在南极极昼期间，24 小时不落的太阳会给这块冰封的大陆带来一丝暖意，在南极洲沿岸较为暖和的区域，冰雪会部分融化，这些暖季冰雪融化产生的径流会形成暂时性河流，但融化的水量极小，也只能汇集成一些涓涓细流。地处东南极洲怀特岩的奥尼克斯河，算是南极大陆上的最大河流了，其水深也不过膝。班格尔"绿洲"（东经 101°，南纬 66°10′）也有一些长 20 千米的暂时性河流。南极洲的河流水量虽不大，但也有特殊的时候，有时也能泛滥成灾，如 1961 年盛夏，在新拉扎列夫站因湖水侧压力过大致使冰坝溃决，淹没了新拉扎列夫站的大部分地段，一些建筑材料和器材也被冲走了。在大陆周围的岛屿上，夏季的冰雪水也能汇集成季节性时令溪流入海。无论在南极的哪一个地方，一到冬季，被极夜包裹下的南极里所有的河流都会消失。

## ◎南极的湖泊

南极大陆的沿海"绿洲"里还有众多的湖泊，还有的一些处在冰层和岩石之间。位于班格尔"绿洲"中的埃迪斯托卡卡本湖是南极最大的湖，面积为 447 平方千米，最大水深有 103 米。南极第二大湖是菲古尔诺斯湖，湖长 25 千米，宽 1.2 千米，面积为 16 平方千米，湖水最深处达 137 米。这里的湖泊依湖面冻结情况可分为以下三类：一是冰下湖，即被冰雪封冻在冰层与岩石之间的湖泊；二是夏季湖面解冻的季节性湖泊；三是冬季湖水也不冻结的湖泊，这类湖属咸水湖，特点是矿化度高，能耐低温。

还可以根据盐度将南极的湖泊划分为淡水湖和咸水湖。咸水湖又叫盐湖，在大陆的周围随处可见，较有名的有唐胡安湖。唐胡安湖的湖水含盐度极高，每升含盐量可达 270 余克，这样高的盐度让这个湖即使在零下70 度，湖水也不会结冰。还有一种咸水湖是南极大陆独有的，最有名的是地处维多利亚地赖特谷中的范达湖和泰勒谷的邦尼湖。湖水极有特点，湖水上淡下咸，湖表冻结着一层 2～3 米厚的冰，冰下湖水清澈，湖水含盐量随深度的增加而增加，形成分层次现象，底层水的含盐量能比表层水高上约 10 倍；湖水温度也随深度的增加而升高，在年平均气温零下 20 度的环境中，湖底水温仍高达 25℃。面对这种奇异现象，科学家们至今未能给出合理的解释。

## ◎南极不冻湖

南极是一个人迹罕至的冰雪世界，素有"白色大陆"之称。在南极，放眼望去，眼睛所到之处几乎就是皑皑白雪、银光闪烁。这片 1400 万平方千米的土地，几乎完全被几百至几千米厚的坚冰所覆盖，零下 50℃～零下 60℃的温度，使这里的一切都失去了活力，丧失了陆地所原有的功能。物体在这里的形态基本是固态，石油在这里像沥清似的凝固成黑色的固体，煤油在这里也因为达不到燃点而变成了非燃物。

然而，并不是所有东西在这里就是冰冻，有趣的自然界奇妙地向人们展示出它那魔术般的本领：在这极冷的世界里竟然奇迹般地存在着一个不冻湖。围绕不冻湖的问题，科学家提出了种种推测和猜想，然而这样的奥秘很难解答，到现在为止还没有一个科学家能拿出令人满意和信服的结论。这南极的不冻湖的确太神秘了，要早日揭开这层神秘的面纱，还需要做进一步的探索，要走的路还很长。

1960 年，日本学者鸟居铁经过分析测量资料有所发现，该湖表面薄冰层下的水温为 0℃左右，随着深度的增加，水温也在不断增高。到了 16米深处，水温已经升至 7.7℃。这个温度一直稳定地保持到 40 米深处，但是这并不是这个湖的最高温度。在 40 米以下，水温还在缓慢升高。尤其是至 50 米深处，水温升高的幅度突然加剧。至 66 米深的湖底，水温竟高达 25℃，与夏季东海表面水温相差无几。

相关科学研究：

这一奇怪的现象一经发现就引起科学家们的极大兴趣，他们对此进行了多次深入地考察，并提出了各种各样的看法和猜测。有的科学家提出这是气压和温度在特殊条件下交织在一起的结果。他们认为在南极地区，尤其 500 米深处的海水并没有直接与寒冷的空气接触，因此水温高于地面上的温度。这种温差作用使海水产生垂直方向的运动，这样就形成一股漩涡。靠这股漩涡的力量，500米深处的海水就不断被卷到海面上，形成了不冻湖。

另一种观点认为，在南极濒海地区，存在着一些奇特的咸水孔，这些咸水孔会散发热量，由此而凝结成巨大冰块。冰块的重量太大时，便会整块下沉至海底，在巨大冰块的挤压下，深层温度较高的海水上升到表面，于是形成不冻湖。不过湖水与寒冷空气接触一段时间后，因为过于寒冷，湖水又结成大冰块，于是不冻湖又消失了。

还有许多科学家推测这是外星人在南极建立秘密基地，是他们在活动场所散发的热能将这里的冰融化了。还有的科学家指出：这是个温水湖，很有可能在这水下有个大温泉把这里的水温提高了，把冰给融化了。

从南极的范达湖往西10千米的地方，还有一个小小的湖泊，这个小湖在－50℃的严寒时都不会结冰，人们管它叫"汤潘湖"。汤潘湖面积很小，直径数百米，湖水也特别浅，只有30厘米。汤潘湖的湖水含盐度比较高，如果把一杯湖水泼到地上，眨眼之间就会出现一层薄薄的盐。科学家们经过观察发现，汤潘湖就是到了－57℃的时候也不会结冰，所以人们都管它叫做"不冻之湖"。关于这个湖为什么不结冰，意见也不一致。有人说，因为湖里的盐份比较高，它就不会结冰了。有的科学家说，汤潘湖

※ 南极湖泊

在那么冷的情况下不结冰，可能是由于存在它周围的地热在起作用。

除了上面提到的地方，在南极的干谷里也有着湖泊，这些湖泊大部分都是盐湖，而且大部分是永冻性湖泊，最大的干谷湖泊是范达湖。范达湖也是南极大陆独有的，湖水上淡下咸，有 60 多米深，湖表冻结着一层 2～3 米厚的冰，冰下湖水清澈，湖水含盐量随深度的增加而增加，形成分层次现象，底层水的含盐量比表层水高约 10 倍；湖水温度也随深度的增加而升高，在年平均气温零下 20 度的环境中，湖底水温仍高达 25℃。这主要是因为湖面上的冰层阻止其热量发散开去，将温度保存于湖内的缘故。

▶ 知 识 窗

南极干谷是一片贫瘠的区域，地面上散布着砾石，被人们称为地球上最像火星的地区。它拥有奇特美妙的地形，这里几乎没有降雪，只有一些陡峭的岩石，它是南极洲唯一没有冰层的区域。这儿的地区看上去完全不像是地球，干谷底部有时存在着永久性冷冻湖，冰层达数米厚。南极一共有三个干谷，它们位于南极洲大陆部分的罗斯冰架以东和麦克默多湾上，分别被命名为泰勒、赖特和维多利亚干谷。

淡水湖主要分布于南极大陆的边缘，而且从分布情况上来说，西南极洲的湖泊多于东南极洲。淡水是生命之源泉，它对人类在南极的活动起着至关重要的作用，所以人们在选择南极科学考察站地址时非常重视附近的淡水湖泊。中国南极长城站和中山站附近都有淡水湖，可以满足生活用水和发电机冷却用水。仅长城站西部和南部就有西湖、高山湖和燕鸥湖等湖泊，而且这几个湖水质良好，水源充足，适于饮用，其中西湖平均水深 5米，最大深度 10 米，面积 1.2 万平方米，可蓄水 6 万立方米，是长城站主要饮用水湖泊。

在南极冰盖的深处，存在有这样一个与世隔绝千万年的湖，湖的四周和上面都是万年冰雪，它的存在确实是一般人难以想象的，但在南极的确存在这样的冰中湖泊。1994 年，俄罗斯专家利用地震探测和回声探测发现在东南极大陆存在一个冰下湖，并取名为东方湖，这个湖位于俄罗斯东方站冰盖下 3800 米深处，湖面长 250 千米，宽 40 千米，湖深 700 米，其中有 200 米的疏松沉积层。科学家们说，这个湖水至少有 50 万年未与大气接触。有关湖水的成分、水中有没有生物存在、湖的成因及演化等问题都没有参考数据，这些都是人们所迫切关注的。目前，俄罗斯已在东方站钻取冰芯达三千多米深，但是人们担心再往下钻会打穿冰层并污染湖水，于是在离湖面 25～50 米时停止了钻探。同时，俄罗斯还将继续利用地震法进一步确定内陆冰川面积、冰川至基岩的结构以及冰和湖的确切边界。美国太空研究专家认为，东方湖可能是可模拟木星卫星中存在的冰川——海洋——岩石的唯一天然实验室，并提出采用航天高科技，诸如火星探路者机器人钻透3000多米厚的冰盖进入湖水和沉积物中，进行无玷污采样和样品分析，并把分析数据和图片源源不断地传回地面。按照这样的研究结果来看，冰下湖秘密的揭开指日可待。

**拓展思考**

1. 建在内陆的考察站，附近若没有淡水湖的，是怎样解决饮用水的呢？

2. 南极洲的暂时性河流湖泊会不会泛滥成灾？是否对考察站造成危害？

# 南极冰层湖泊分布图

Nan Ji Bing Ceng Hu Po Fen Bu Tu

南极冰层湖泊分布图是美国研究人员利用美国宇航局一颗卫星发射的天基激光，编纂出有史以来最为全面的南极冰层下方活跃湖泊。揭示了一个庞大的南极大陆管道系统，其复杂性和活跃程度超过科学家此前的预计。通过研究发现确认的200多个冰川下湖泊中，只有一部分被证实处于活跃状态。图片上的点代表南极大冰原下方124个活湖的方位，橙色和红色标注的湖泊水量较多，绿色和蓝色标注的湖泊则水量较少，紫色区域代表不活跃湖泊方位活跃状态。

## ◎研究价值

南极冰层湖泊分布图对人类在南极的探索有重要作用。此项研究领导人、美国西雅图华盛顿大学的本杰明·史密斯表示，南极冰原虽然看上去

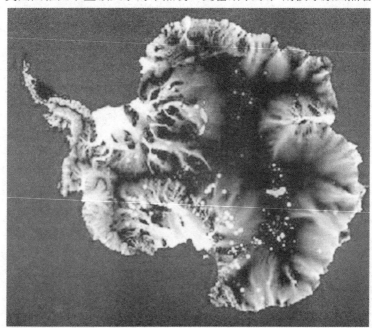

※ 南极冰层湖泊分布图

较为平静，但经过更多的观测，我们发现它一直处于活跃状态。南极洲湖泊与绝大多数湖泊有所不同的一点是，南极洲湖泊所面临的压力来自上方冰层的压力。这种压力会导致融水从一个地方流到另一个地方，就像是装在一个被挤压的气球内的水一样。也就是说，冰层下方融水在一个广阔而稀薄的层内流动，并穿过一个与之相连的洞穴系统。这种流动让附近和远处的其他湖泊可以实现再补给。

了解这个冰下管道系统非常重要，因为这个系统对冰川流动产生润滑作用的同时将冰块高速运至海洋，冰块在海中融解后可对海平面变化产生影响。但如何获悉数千米厚冰层下到底在发生什么？也是一项巨大挑战。

史密斯领导的研究人员对宇航局冰云与地面高度卫星（ICESat）获取的、时间跨度4年半的冰层高度数据进行了分析，并编纂了迄今为止有关南极洲管道系统内所发生变化的最为全面的目录。研究小组对124个"活湖"的方位进行了测绘，评估它们干涸或充盈的速度，并在《冰川学杂志》上描述湖泊与冰原动力学所能带来的影响。

## ◎研究成果

首先，确定了冰川下湖泊确实是存在的。几十年来，研究人员一直通过搭载在飞机上的冰钻式雷达探测冰层下方的方式，探索并推断冰下湖泊的存在。上世纪90年代，研究人员开始将机载设备以及卫星获取的数据结合在一起，在一个大陆范围内勘测湖泊方位。迄今为止，科学家已经确认大约280个冰川下湖泊的存在，其中绝大多数冰下湖泊分布于南极洲东部大冰原下方。

其次，绘制了冰下湖泊分布图。2006年，加利福尼亚州拉霍亚的斯克里普斯海洋学研究所地球物理学家海伦·弗里克，利用卫星数据第一次观测到处于活跃状态的冰川下湖泊。为了绘制南极大陆冰下湖泊分布图，弗里克需要从地下冰中区分出漂冰，激光技术成为完成这项任务的理想选择。弗里克利用冰云与地面高度卫星的地球科学激光测高系统，测量激光脉冲从冰层反弹并折回卫星所需的时间，进而推断出冰层高度。在一段时间内重复进行这种测量便可揭示高度变化情况。

第三，开创了水文学新领域。测量过程中，弗里克发现冰层高度突然发生富有戏剧性的变化。研究证实，这种变化是因为南极洲一些面积最大的湖泊的充盈和干涸所致。在有关南极洲的其他研究中，宇航局位于马里兰州格林贝尔特的戈达德太空飞行中心冰川学家罗伯特·宾德斯查德勒，也曾利用冰云与地面高度卫星获取的数据。研究大冰原下方的水文学是南极考察的一个全新领域，为发现和研究在相对较短时间里充盈和干涸并且涉及大量融水的湖泊铺平了道路。

## ◎冰下活湖

对冰冻的南极大陆来说，冰下"活湖"是不是一种偶然？还是存在常见的可能性？为了寻找这个问题的正确答案，史密斯、弗里克以及同事将他们的高度分析的区域进行了扩展，包括了南极大陆绝大多数地区，并利用了冰云与地面高度卫星在4年半时间内获取数据。通过观测卫星每年2次或3次飞越一地区上空期间冰原高度变化情况，研究人员能够推测出有哪些湖泊是处于活跃状态的。此外，他们还利用高度变化以及水和冰的特性估计水量变化情况。

在此前确认的200多个冰川下湖泊中，只有一部分被证实还处于活跃状态。研究显示，南极洲东部高密度湖区内的湖泊大部分处于不活跃状态，它们的存在并未对冰原变化产生太大影响。在最新观测到的124个"活湖"中，绝大多数位于沿海地区，也就是这个大型排水系统前端，它们对海平面变化的潜在影响应该是最大的。此次测量发现了相当多的冰川下湖泊，尤其他们所处方位是最令人感兴趣的。测量结果显示，绝大多数处于活跃状态的冰川下湖泊均位于冰移动速度最快的区域，说明二者之间存在某种联系。

▶| 知 识 窗 |◀

从研究数据知道，在一个湖泊干涸的同时，另一个湖泊则处于充盈状态，因此可以确定这些冰下湖泊之间的关系较为明显。部分湖泊通过一个冰川下隧道网络与附近的湖泊相连。一些彼此相连的湖泊之间的距离可达到数百千米。湖水干涸和充盈的速度变化幅度较大。一些湖泊平均每3～4年出现一次干涸或者充盈，相比较为稳定。冰原下的湖水流动速度可以与小河相提并论，能够迅速在快速流动的冰川下方提供一个润滑油膜。对绝大多数区域进行的测量显示，一些事情会在较短的时间内发生。它们是冰原下方所发生事情的一些相当典型的例子，并且无时无刻不在整个南极洲发生着。

| 拓展思考 |

1. 冰下"活湖"是怎样形成的？
2. "活湖"的发现对人类有哪些重要价值？

# 冰雪王国的地下宝藏——矿产资源

*Bing Xue Wang Guo De Di Xia Bao Zang——Kuang Chan Zi Yuan*

南极这个冰雪王国会有矿产资源存在吗？各国的科学家们排除万难，投入大量资金、物力、人力后有了一些发现。虽然南极被厚达几千米冰雪覆盖，但这里还是有一些矿产资源。南极洲蕴藏的矿物有 220 余种，主要有煤、石油、天然气、铂、铀、铁、锰、铜、镍、钴、铬、铅、锡、锌、金、铝、锑、石墨、银、金刚石等。这些矿产资源主要分布在东南极洲、南极半岛和沿海岛屿地区。如维多利亚地有大面积煤田，南部有金、银和石墨矿，整个西部大陆架的石油、天然气均很丰富，查尔斯王子山发现巨大铁矿带，乔治五世海岸蕴藏有锡、铅、锑、钼、锌、铜等，南极半岛中央部分有锰和铜矿，沿海的阿斯普兰岛有镍、钴、铬等矿，桑威奇岛和埃里伯斯火山储有硫磺。

美国地质调查所把南极大陆划分出三个主要的成矿区：安第斯多金属成矿区，主要有铜、铂、金、银、铬、镍、钴等矿产；横贯南极山脉多金属成矿区，主要有铜、铅、锌、金、银、锡等矿产；东南极铁矿成矿区，除了有大量铁矿外，还有铜、铂等有色金属，并且还发现金伯利岩。在这些成矿区的矿产中，查尔斯王子山铁矿和横贯南极山脉区的煤矿规模最大；罗斯海、威德尔海、阿蒙森海、别林斯高晋海等海盆油气远景最大。

南极大陆所发现的矿产中储量最大的矿产是铁矿，主要分布于东南极。1966 年，苏联（已解体）地质学家在查尔斯王子山脉南部的鲁克尔山北部发现了厚度约 70 米的条带状富磁铁矿岩层，称其为条带状磁铁矿层或碧玉岩。这里的矿石平均含铁品位为 32.1%，最富可达 58%。整个岩系厚度达 400 米。他们在 1971～1974 年调查确定，该地区磁铁矿和硅酸盐中铁的品位可以与澳大利亚西部的哈默斯利盆地、北美洲的苏必利尔湖区、加拿大的谢弗

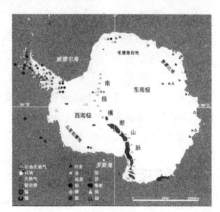

※ 南极大陆的矿产资源分布图

维尔地区和苏联的克里沃罗格地区的铁构造相比。航空磁场调查资料表明，铁矿集中区在冰体下长 120～180 千米，宽 5～10 千米。1977 年，美国的霍夫曼和里瓦齐等人，根据航磁异常报道了在鲁克尔山西部的冰盖下的两个磁异常带，其宽度为 5～10 千米，延伸达 120～180 千米，他们初步认为这是鲁克尔条带状含铁层的延续，如果这两个磁异常带确为铁矿所引起的这个推理得到进一步证实，那么，该地区的铁矿将是世界上最大的铁矿区。这一矿区就是目前一些南极地质学家所声称的"南极铁山"，其铁矿蕴藏量，初步估算可供全世界开发利用 200 年。毫无疑义，南极洲鲁克尔山条带状含铁层的发现，已经引起了在关注着南极矿产资源的地质界的极大的兴趣。

## ◎南极的煤

南极洲拥有世界最大的煤田。早期南极的探险家在露岩区采集标本时，经常能发现煤的存在，而且用它来做饭、取暖。时至今日，在南极大陆上发现的煤很多，而且许多煤层是直接露出地表的。目前发现的煤田主要分布在南极横贯山脉沿罗斯海岸的一段，另外西南极洲的埃尔斯沃思山区也有煤田露出。南极横贯山脉的煤田，可能是世界上最大的煤田。据估计，南极大陆冰盖下蕴藏的煤极其丰富，约超过 5000 亿吨，这么多的煤矿是南极洲留给人类的一份宝贵财富。

## ◎南极的有色金属矿产

在国防工业、机械制造和日常生活中，有色金属都有广泛的用途，这其中许多有色金属又是贵重金属。南极洲地域广阔，与其他大陆比较，地质构造和地质历史有相似之处，这里可能潜藏有丰富的矿产资源。由于南极大陆面积的 95% 被巨厚的冰盖所覆盖，因此地质调查工作十分困难。目前的地质调查区域仅限于无冰区和南极大陆沿岸。根据各国的地质调查资料估计，南极洲可能有矿床 900 处以上，其中在无冰区有 20 多处。已发现的矿床、矿点 100 多处。除铁和煤之外，还有其他的资源存在，南极半岛的铜、钼以及少量的金、银、铬、镍和钴；南极横贯山脉地区的铜、铅、锌、银、锡和金；东南极洲的铜、银、锡、锰、钛和铀等有色金属。

## ◎南极的石油和天然气

1973 年执行深海钻探计划（DSDP）的美国钻探船"格洛玛·挑战者"号，在沉积物厚度达 3000～4000 米的罗斯冰架外的大陆架区 4 个站位上进行钻探。钻这 4 个孔的目的是为了研究那里沉积物的沉积史。因此，所选的钻探站位故意避开过去从海洋地球物理研究角度认为沉积地层可能有合油构造的区域。然而，这 4 个钻孔中有 3 个仅钻到 45 米深时就喷出了大量的天然气。据此可以推测罗斯海可能储有重要的天然气资源。

根据科学家近年来在南极大陆周围海域的海洋地质和地球物理调查的资料，推断出在南极大陆周围海域可能潜在油气资源的沉积盆地有 8 个，它们分别是：威德尔海盆、罗斯海盆、普里兹湾海盆、别林斯高晋海盆、阿蒙森海盆、维多利亚地海盆、威尔克斯地海盆、罗斯海盆。在上述沉积海盆中，含油气远景最有希望的是罗斯海盆和威德尔海盆，特别是罗斯海，它的大陆架面积最大，约 77.2 万平方千米。

现在其他大洲可供开发的矿产资源日益减少和枯竭，人类对南极所蕴藏的巨大资源的需求也越来越迫切。但是，南极不属于任何一个国家，为了解决南极资源纠纷，《南极条约》协商国在 1988 年 6 月通过了《南极矿产资源活动管理公约》文件，根据条约规定，目前南极禁止一切矿产资源的开采。

> **知 识 窗**
>
> 《南极条约》是由美国、苏联、英国、法国、日本、比利时、挪威、新西兰、澳大利亚、阿根廷、智利和南非等 12 个国家于 1959 年 12 月 1 日在华盛顿签订的，1961 年 6 月 23 日生效。该条约共 14 条主要内容：禁止在条约区从事任何带有军事性质的活动，南极只用于和平目的；冻结对南极任何形式的领土要求；鼓励在南极科学考察中的国际合作；各协商国都有权到其他协商国的南极考察站上视察；协商国决策重大事务的实施主要靠每年一次的南极条约的例会和各协商国对南极的自由视察权。中国于 1985 年 5 月 9 日加入南极条约组织，同年 10 月被接纳为协商国。
>
> 《南极条约》原定有效期 30 年，鉴于国际趋势和南极形势的发展，1991 年在德国布来梅市召开的第 17 次南极条约国协商会议上作出决定，将《南极条约》有效期无限期延长和 50 年内禁止南极的矿产资源活动。

---

**拓展思考**

1. 为什么禁止各国开采南极矿产资源？

2. 世界矿产能源逐渐减少，可以开发利用什么自然资源将之代替？

地球上的南北两极

# 冰天雪地中的绿色—— 南极植物
*Bing Tian Xue Di Zhong De Lu Se—— Nan Ji Zhi Wu*

由于气候酷寒，干燥，风速大，日照少，冰层厚度过高，在南极看到的植物很少，那些在其他大陆上可见到的植物，在这里的生长会受到制约，使其不能生长发育。但这并不是说南极就没有植物的存在，其实在南极还是有一些绿色植物的，不过这里最高等的植物也就只是苔藓、地衣和藻类了，这些植物分布在南极大陆的沿海地带及其附近的岛屿上。据南极生物学家长期研究统计，南极的低等植物中，有 350 多种地衣、370 多种苔藓和 130 多种藻类。

在南极洲也存在有一些稀有的开花植物，但分布有限，仅在南极半岛北端和南极大陆周围的海洋性岛屿。因为地球上开花植物的南界约在南纬64°，南极半岛的北端和某些岛屿刚刚越过了"开花植物线"。

开花植物有三种，都是属于草本植物，一种是垫状草，另两种是发草属植物，其形态近似于禾本科植物，叶狭长，脉平行，有节、节间和分蘖，小穗状花序。它们对南极环境有一定的适应能力，生命周期和花期

※ 地衣

长，属多年生，通过大量分蘖来增加生物量，积蓄能量。有人曾经试着将它们从南极半岛移植到英国的哈利站，但是没有成功。

## ◎地衣

地衣是地球上最古老的植物之一，也是一种最为原始性的低等植物。在经过上万年的生物进化过程，它已经能适应南极洲那种极端寒冷、干旱和日照极少的环境。所以，地衣成为南极洲种类最多、分布最广的南极土著植物。地衣主要分布在南极大陆的沿海地带和岛礁的岩石上，其形态各异，有的像金丝菊，有的像松针，有的像海石花……它们的叶面和躯干上长有黑色斑点，整枝有灰白色、褐色、古铜色等，棵枝大的有 10～15 厘米高，小的仅几毫米。它的名称主要有叶状地衣、枝状地衣、壳状地衣等。初次见到地衣人，都会以为它是一簇枯叶，但是它竟是有生命的植物，在南极这严酷的环境中顽强的生存着。

地衣的根能分泌地衣酸，溶解岩石，从中吸取营养，同时也起到固定自己的作用。它那坚固的表皮能抵御低温、强风及干燥引起的水分蒸发，并能顺利地为自己构成像藻类一样的供水系统，从而维持地衣生命之树常青。地衣是靠孢子繁殖后代的，它在极短的南极夏季中完成其生长发育过程的。地衣的生长速度十分缓慢，每 100 年才生长 1 毫米。据说，一株 10 厘米高的地衣，其寿命可达 10000 年之久。在中国南极长成站附近地区是个地衣的世界，那里地衣漫山遍野，密密麻麻，种类多达 70 余种。

据生物和医学家研究，南极地衣具有潜在的开发利用价值。最新研究揭示，地衣的提取液中有抗辐射的作用，能抵抗计量较大的紫外线、R 射线和 X 射线。另有报道说，某些种类的地衣提取物，还具有抗癌的效果。不过这些都还有待科学的进一步研究才能证实。

▶ 知 识 窗

地衣具有极为顽强的生命力，有一块在大英博物馆里陈列了 15 年的地衣标本，偶尔沾了一点水之后，居然又生长了起来！而且即使在零下 198℃ 的超低温条件下，南极地衣也是能够照样生存的。在离南极点只有 483 千米的一些山峰上，也发现了生长得很好的地衣。因此，地衣不仅是地球上最为耐寒的植物，还是地球上生长得最靠南的植物。地衣长寿的诀窍是生长极其缓慢，这和乌龟长寿的原理是一样的。据观察，地衣在一年当中也许只有一天的活跃生长期。因此，科学家们认为，南极那些直径已经长到 13 厘米的地衣可能是地球上活着的最为古老的生物。

## ◎苔藓

苔藓也是南极洲常见的低等植物之一。与地衣相比它的生长需更多的水分，因此，它的种类没有地衣那么多，分布也没有地衣广。其主要分布在夏季有冰雪融化能提供充足水分的地区，在那里常常就有大面积的苔藓生长。例如，在南极大陆的沿海地区，特别是在雨水较多的南极半岛和南极大陆周围的岛屿上分布较为广泛。

## ◎藻类

在南极洲还有生物量极其丰富的藻类，种类达 130 多种，冰藻、褐藻和绿藻是最常见的种类。它在南极大陆沿海潮湿的陆地表面、岩石表层、石缝、冰雪融化的溪流和季节性的湖

※ 苔藓

中都有分布，特别是在有企鹅栖息地流出的溪水中，由于这里含有丰富的氮、磷营养盐，藻类的生长更加繁茂。

---

| 拓展思考 |

1. 地衣和苔藓为何能混合生长？
2. 为什么北极的植物不能在南极生长？
3. 同属寒冷的高原在喜马拉雅山脉都有什么植物？

# 拥

## 有大洋的极地——北极

YONGYOUDAYANGDEJIDI——BEIJI

第三章

北极，在这里有着被冰封的大洋，这里有着千百年来世世代代繁衍生息的因纽特人，这里还有着令人惊叹的极光，以及丰富的矿产资源。

# 北极概念

*Bei Ji Gai Nian*

北极地区是指以北极点为中心的广阔地区，即北极圈（北纬 66°33′）以内地区，包括极区北冰洋、诸多岛屿和亚、欧、北美大陆北部的苔原带和部分泰加林带，面积 2100 万平方千米（约占地球总面积的 1/25），其中陆地和岛屿面积占 800 万平方千米，全部归属于 8 个环北极国家，但北冰洋仍属国际公共海域。

※ 白色海洋——北冰洋

## ◎北冰洋

在四大洋中，北冰洋是世界上最小最浅和最冷的大洋，大致以北极圈为中心，位于地球最北端，被亚欧大陆和北美大陆所环抱着，有狭窄的白令海峡与太平洋相通，通过格陵兰海和许多海峡与大西洋相连，面积仅为 1500 万平方千米，不到太平洋的十分之一。它的深度为 1097 米，最深为 5499 米。古希腊曾把它叫做"正对大熊星座的海洋"。1650 年，荷兰探险家 W. 巴伦支，把它划为独立大洋，当时叫大北洋。1845 年，英国伦敦地理学会命名，经汉文翻译为北冰洋。一则是因为它在四大洋中位置最北，再则是因为该地区气候严寒，洋面上常年覆有冰层，所以人们称它为"北冰洋"。

根据自然地理特点，北冰洋可以分为北极海区和北欧海区两部分。北冰洋主体部分、喀拉海、拉普捷夫海、东西伯利亚海、楚科奇海、波弗特海及加拿大北极群岛各海峡属北极海区；格陵兰海、挪威海、巴伦支海和白海属北欧海区。

北冰洋处于北极地区，它绝大部分的表面终年被海冰覆盖，是地球上唯一的白色海洋。北冰洋海冰平均厚 3 米，冬季海冰可覆盖海洋总面积的

73%，约有 1000～1100 万平方千米，即使是夏季海冰覆盖率也有 53%，约 750～800 万平方千米。北冰洋中央的海冰已持续存在 300 万年，属永久性海冰。

北冰洋虽然是四大洋中面积最小的一个，却也是海岸最曲折、岛屿众多的一个洋。总面积 1230 万平方千米，占海洋总面积 3.6%，体积 1,700 万立方千米，占海洋总体积的 1.24%。北冰洋的水平轮廓近乎一半封闭性的地中海，而且海岸线十分曲折零碎。岛屿的数量和面积仅次于太平洋居于第二位，这里有世界第一大岛格陵兰岛（217.56 万平方千米），加拿大的北极群岛（130 万平方千米）是世界第二大群岛。鄂毕河、叶尼塞河、勒拿河及马更些河是流入北冰洋的主要河流。在北冰洋周围各边缘海，有数不清的冰山，这些冰山虽然没有南极冰山那样的高度，但外形奇异。冰山顺着海流向南漂去，有的可以从北极海域一直漂到北大西洋。它们漂流的路线并不固定，所以给航行在北大西洋上的船只带来很大的危害。北冰洋冰盖面积占总面积的 2/3 左右，而且还有常年不化的冰盖。其余海面上分布有自东向西漂流的冰山和浮冰，不过巴伦支海地区因受北角暖流影响常年不封冻。北冰洋大部分岛屿上遍布冰川和冰盖，北冰洋沿岸地区则多为永冻土带，永冻层厚达数百米。

北冰洋在所有大洋中深度最浅，它的大陆架面积十分宽广，平均水深 1296 米，最大深度为 5,449 米（斯匹次卑尔根群岛北，低于北纬82°23′、东经19°31′的利特克海沟），水深不足 200 米的面积约占总面积的 35.8%，约 440 万平方千米；水深超过 3,000 米的面积仅占总面积的 15%（其中 4,000 米以上的只占 2.17%）。北冰洋海底地貌突出特点就是大陆架非常宽广，最宽的部分是亚欧大陆北部，一般的大陆架为 400～500 千米，最宽处近 1,700 千米（水深 50～150 米），阿拉斯加以北大陆架较窄，仅 20～30 千米。这些大陆架大部原为陆地的一部分，直到第四纪冰期以后才下沉成浅海的。起伏不平是北冰洋海底地貌的另一特点，尤其一系列海岭、海盆、海槽和海沟交错分布。北冰洋中部有一条横贯的海底山岭——罗蒙诺索夫海岭，自新西伯利亚群岛经北极到埃尔斯米尔岛，全长1,800千米，宽 60～200 千米，高出洋底 3,000 米，岭脊距海面约 1,000 米左右。洋底山地的特点坡度大、陡峭，有火山喷发，系构造断裂褶皱山，山脉主要由沉积岩和变质岩组成。海岭把整个北冰洋分为两部分，一部分面向北美洲为加拿大海盆，一部分面向亚欧大陆的为南森海盆，虽然同属于北冰洋，但是这两部分在海流、海水运动方向和水温等方面都有明显的差异。在加拿大海盆以西有一条门捷列夫海岭，长 1,500 千米，相对高度小，坡度平缓。在南森海盆外侧有一北冰洋中央海岭，又称南森海岭、加克利海岭或奥托·斯密特海岭，由几条平行海岭组成，自拉普帖夫海经格陵兰岛北端到冰岛接大西洋海岭。总之，虽然对北冰洋海底地貌的了解还很不够，但已知大部分为冰覆盖的北冰洋并不是陆地，不是群岛，也不是一个完整的深海盆。

## ◎北极的洋流

北冰洋洋流系统由北大西洋暖流的分支挪威暖流、斯匹次卑尔根暖流、北角暖流和东格陵兰寒流等组成。北冰洋洋流进入大西洋，在地转偏向力的作用下，水流偏向右方，沿格陵兰岛南下的称东格陵兰寒流，沿拉布拉多半岛南下的称拉布拉多寒流。

※ 北极岛屿

就是因为洋流的运动，北冰洋表面的海冰总是处在不停地漂移、裂解与融化的状态，因而不可能像南极大陆那样可以有经历数百万年积累起数千米厚的冰雪。所以，北极地区的冰雪总量只接近于南极的1/10，而且大部分集中在格陵兰岛的大陆性冰盖中，而北冰洋海冰、其他岛屿及周边陆地的永久性冰雪量仅占很小部分。

## ◎北极的水文

北冰洋水文最大特点就是有常年不化的冰盖，冰盖面积占总面积的2/3左右，其余海面上分布有自东向西漂流的冰山和浮冰，仅有巴伦支海地区因为受到北角暖流影响常年不封冻。冰川和冰盖遍布北冰洋的大部分岛屿，而北冰洋沿岸地区则多为永冻土带，永冻层厚达数百米。

北极海冰的南界不固定，它随着水文气象条件的变化而变化，而且往往能变动几百千米。在风和海流的作用下，浮冰可以叠积并形成巨大的浮冰山。通常所见的绝大多数冰山，指的是那些从陆缘冰架或大陆冰盖崩落下来的直径大于5米的巨大冰体。大型的桌状冰山的厚度一般可达200～300米，平均寿命长达4年。还有巨大冰山长数十千米，像一片白色的陆地横亘在暗灰色的海面上。北冰洋海冰形成的浮冰山与来自格陵兰等岛屿的冰川及冰架形成的冰山一起，随海流进入大西洋或阿拉斯加外海，个别冰山可向南漂移到北纬40°附近。著名的泰坦尼克号的沉没就是因为撞上一座从北冰洋漂出的冰山，从而造成了那样的悲剧。

※ 北极浮冰

## ◎北极的矿产资源

北冰洋海域是地球上一个未开发的资源宝库，这里的矿产资源相当丰富，特别是巴伦支海、喀拉海、波弗特海和加拿大北部岛屿以及海峡等地，蕴藏有丰富的石油和天然气，估计石油储量超过100亿吨。斯匹次卑尔根的煤储量约80多亿吨，煤层厚、质量优、埋藏浅，苏联和挪威已联合进行开采，年产煤100多万吨；格陵兰的马莫里克山的铁矿，储量20多亿吨，都为优质矿。此外，北冰洋地区还蕴藏着丰富的铬铁矿、铜、铅、锌、钼、钒、铀、钍、冰晶石等矿产资源，但大多数处于尚未开采利用状态。

北冰洋大陆架地区还有丰富的石油和天然气，沿岸地区及沿海岛屿有煤、铁、磷酸盐、泥炭和有色金属。如伯朝拉河流域、斯瓦尔巴群岛与格陵兰岛上的煤田，科拉半岛上的磷酸盐，阿拉斯加的石油和金矿等。

与南极不同的是，由于北极周围有国家的领土，而且这里又不像南极那样禁止开采矿产资源，因此，北冰洋的资源成了沿北冰洋国家的竞相争夺之地。

> **知识窗**
>
> 随着沿北冰洋各国的纷争越来越频繁，2010年9月在莫斯科举行了名为"北极：对话之地"的国际论坛，主旨是为各方在北极问题上寻求国际协作新视角，使北极成为和平与合作之地。

## ◎北极生物资源

北极的海岛植物主要是一些苔藓和地衣等，南部的一些岛屿上还存在有耐寒的草本植物和小灌木。被人熟知的动物有北极熊、海象、海豹、雪兔、北极狐、驯鹿和鲸鱼等，其中北极熊是北极的象征。由于气温和水温很低，浮游生物少，故鱼类的种类和数量也较少，只有巴伦支海和格陵兰海因处在寒暖流交汇处鱼类较多，盛产鲱鱼、鳕鱼，这里是世界著名渔场之一。在北极的夏季，会有海鸟飞来在这里繁殖。

## ◎极光

在北极点附近，每年近六个月是无昼的黑夜（从10月到次年3月），即极夜状态，这时高空会有光彩夺目的极光出现，这些极光一般呈带状、弧状、幕状或放射状，尤其北纬70°附近最为常见。

※ 北极极光

## ◎居民

与南极无常住居民相比，在北极地区有原住居民，他们就是因纽特人，主要分布在从西伯利亚、阿拉斯加到格陵兰的北极圈内外的地区。总人口约13万，分别居住在格陵兰（5.3万）、美国的阿拉斯加（4.1万）、加拿大北部（3.4万）和俄罗斯白令海峡一侧（约2千）。属蒙古人种北极类型。

| 拓展思考 |

1. 关于北极沿北冰洋各国都有什么争端？
2. 为了争夺北冰洋资源，各国都进行了哪些活动？
3. 资源的开发给北极带来的影响？

# 北极气候

*Bei Ji Qi Hou*

## ◎北极地区的气候类型

我们通常所称苔原气候即使北极寒带气候，主要分布区在北美洲和亚欧大陆的北部边缘，格林兰沿海一带和北极的一些岛屿。植被主要以苔原景观为主，包括苔藓、地衣、小灌木等耐寒植物。

北极寒带气候的特征是全年皆冬，最暖月9摄氏度等温线和针叶林带分界；最暖月为零摄氏度和冰冠区分界。气温低，蒸发微弱，相对湿度高，沿岸多云雾。

该区降水量在250毫米以下，大部分降水是雪。部分冰雪在夏季能短期溶解，降水量偏低。土壤为冰沼土，酸性，不利农耕。居民主要是因纽特人。

北极附近的岛屿是寒带气候的代表区域。这里主要以冰原和苔原景观为主。冰原主要局限于格陵兰，无植物分布，通称为寒漠。苔原分布较多，主要于美洲大陆北岸、北极群岛以及格陵兰岛的西南和东南沿岸，地表植物主要生长苔藓、地衣和芦苇，地下有永冻层存在，在排水良好和避风处，也可以见到矮小的柳、桦和赤杨类植物。苔原土壤属于始成土的冰沼土，有厚层的泥炭堆积。存在的动物有哺乳动物北极狐、北极熊、野鹿、驯鹿、旅鼠、北极兔以及麝牛等。针叶林是分布最广的植被类型，从阿拉斯加西南岸向东延伸至纽芬兰岛都有分布，其范围与高纬针叶林气候区大致相当。因为这里的冬季漫长而寒冷，树木生长缓慢，针叶林的云杉、冷杉、铁杉和落叶松这些耐寒植物占优势。

## ◎北极的季节

北冰洋的冬季很长，从11月起直到次年4月，长达6个月。5～6月和9～10月分属春季和秋季，而夏季仅有7～8两个月。这里的温度很低，1月份的平均气温介于−20℃～−40℃。而最暖月8月的平均气温也只能达到−8℃。在北冰洋极点附近漂流站上测到的最低气温是−59℃。由于受到洋流和北极反气旋的影响，北极地区最冷的地方并不在中央北冰洋。

在西伯利亚维尔霍杨斯克曾记录到－70℃的最低温度，在阿拉斯加的普罗斯佩克特地区也曾记录到－62℃的气温。

北极与南极一样有极昼和极夜现象，越接近北极点越明显。在那里，一年的时光只有极昼和极夜这"一天一夜"。即使在夏季，太阳也只是发着惨淡的白光远远地挂在南方地平线上。而且太阳升起的最高

※ 冰冻的北极

高度从不会超过 23.5°。它静静地环绕着这无边无际的白色世界缓缓移动着。几个月之后，太阳运行的轨迹渐渐地向地平线接近，于是开始了北极的秋季。

北极的整个秋季就是一个黄昏，随之而来的将是漫漫长夜。极夜又冷又寂寞，漆黑的夜空可持续 5～6 个月之久。直到来年 3～4 月份，地平线上才又渐渐露出些许微光。

北极的秋季非常短暂，九月初这里就会有第一场暴风雪降临。短暂的白天后，北极很快又回到寒冷、黑暗的冬季。在北极太阳永远升不到高空中即使在仲夏时节它升起的角度也不超过 23.5 度。北极的年降水量一般在 100～250 毫米，基本只有在格陵兰海域可以达 500 毫米。夏季的雨水是降水集中在近海陆地上最主要的降水形式。

北极的冬天是漫长、寒冷而黑暗的，从每年的 11 月 23 日开始，有接近半年时间，将是完全看不见太阳的日子。温度会降到零下 50 多摄氏度。此时，所有海浪和潮汐都消失了，因为海岸已冰封，只有风裹着雪四处扫荡。

直到次年的四月份，天气才慢慢暖和起来，冰雪逐渐消融，大块的冰开始融化、碎裂、碰撞，发出巨响；小溪出现潺潺的流水；天空变得明亮起来，太阳普照大地。

5～6 月份的时候，植物也披上了生命的绿色，沉寂许久的

※ 短暂的冰雪融化

动物开始活跃，并忙着繁殖后代。在这个季节，动物们必须获得充足的食物，积累足够的营养和脂肪，以渡过漫长的冬季。

整体而言，北极的平均风速远不及南极，即使在冬季，北冰洋沿岸的平均风速也仅达到 10 米/秒，与南极风暴相比是小巫见大巫。尤其是在北欧海域，因为主要受到北角暖流的控制，全年水面温度可以保持在 2℃～12℃之间，位于北纬 69°的摩尔曼斯克是著名的不冻港。在那个地区，即使在冬季，15 米/秒以上的疾风也比较少见，这只是其中一种情况，北冰洋海域由于格陵兰岛、北美及欧亚大陆北部冬季的冷高压，时常会出现猛烈的暴风雪。与南极内陆相比北极地区的降水量要普遍高得多，一般年降水量介于 100～250 毫米之间米。

## ◎寒带气候的南北差异

寒带气候区有南极寒带区和北极寒带区之分。终年被冰封的极地地区，气候寒冷，降水极少，到处都是一片白茫茫的雪原，风几乎成年不停地呼叫着，零下几十度更是常见。人们把南北极圈以内的气候，称为极地气候或寒带气候，它包括北冰洋、环绕极地的亚洲、欧洲、北美洲的大陆边缘地区以及整个南极大陆和附近海洋地区。

由于极地气候区大部分都位于极圈以内，极昼时太阳光也只能以很小的角度斜射这个地区，因而这个地区所获得的太阳辐射能很少，再加上地面多为冰雪覆盖，地面的反射率很高，获得的少许热量中的一部分又被反射回去，未被反射掉的能量也大多消耗于冰雪的融化，因此，极地气候区的最主要特点就是终年严寒，无明显的四季更替变化。

虽说都是极地气候，但北极和南极的情况却并不是完全相同。

在北半球，通常认为树木生长的北限即为极地气候的南界。北极地区的大部分是永冻水域。只有在大陆的北部边缘部分，夏季气候可达到 0℃以上，但仍然在 10℃以下。这类地区通常只零星地生长着一些苔藓、地衣等低等植物，因此常把这一地区称为"苔原气候"区。永冻水域地区气温在 0℃到－40℃间变化，因而称为"冰原气候"或"永冻气候"区。北极地区降水虽然很少，但因阳光强度弱，地面蒸发少，所以相对湿度较大，云雾较多。而这里虽寒冷，仍有因纽特人在此生活。

与北极地区相比，南极地区要冷得多。以内南极大陆覆盖着平均厚达2000 米的冰层，即使在南极大陆的边缘地区，年平均气温也在－10℃以下。在大陆中心地区年平均气温低达－50℃到－60℃。科学考察工作者曾在南极大陆测到－94.5℃的低温。整个南极大陆降水很少，年平均降水量只有50毫米，越往内陆，降水越少，在南极极点附近，年降水量更是只有5毫米。由于这里极其寒冷，到目前为止除各国在此设立科学考察站外，无常人居住。

▶知识窗

　　暖流指水温高于周围海水的海流，通常自低纬流向高纬，水温沿途逐渐降低，对沿途气候有增温、增湿作用。海洋中的暖流所蕴藏的巨大热能和对气候的影响，可以使沿岸增加湿度并提高温度，更有助于生物。
　　北角暖流沿挪威北岸流动，出现频率≤25％，该暖流流速在0.9～1.9千米/小时之间。

| 拓展思考 |

1. 北极的气候与南极有何不同？
2. 北角暖流对北极有何影响？

地球上的南北两极

# 世界上最大的岛屿——格陵兰岛

*Shi Jie Shang Zui Da De Dao Yu——Ge Ling Lan Dao*

格陵兰岛是世界最大岛，属于丹麦。面积 216 万 6，086 平方千米，在北美洲东北，北冰洋和大西洋之间，全岛约 4/5 的地区在北极圈内，海岸线全长 35000 多千米。

格陵兰岛是地球上最大的岛屿，但是它的大部分面积（84%）被冰雪覆盖，是冰雪覆盖率极高的一个岛屿。格陵兰岛的大陆冰川（或称冰盖）的面积多达 180 万平方千米，其冰层平均厚度达到了 2300 米，与南极大陆冰盖的平均厚度相差不多。格陵兰岛所含有的冰雪总量为 300 万立方千米，占全球淡水总量的 5.4%。如果格陵兰岛的冰雪全部消融，全球海平面将会上升 7.5 米。而如果南极的冰雪全部消融，全球海平面就会上升 66 米。

※ 格陵兰岛地图

格陵兰岛无冰地区的面积为 341700 平方千米，但属于无冰区的北海岸和东海岸的大部分地区，几乎是人迹罕至的严寒荒原。有人居住的区域约为 150000 平方千米，主要分布在西海岸南部地区。西海岸有世界最大的峡湾，切入内陆 322 千米。包括其首府戈特霍布在内的大部分居民点都分布于此，首府约有 12000 人。

土生的格陵兰人占总人口的 4/5 以上，外来的丹麦人约占总人口的 1/6。格陵兰人大多具有因纽特人的血统，但他们普遍是与早期的欧洲移民混血。到 1980 年代为止，纯因努伊特人仅见于极西北的图勒（Thule）

附近和东格陵兰。格陵兰的居民异常分散，大多局限于沿海地区的小居民点。

知识窗

**·传说·**

关于格陵兰岛（Greenland）名字的来历有这样一个故事。相传公元982年，有一个名为格陵兰的挪威海盗，他独自划着小船，从冰岛出发，打算远渡重洋。朋友们都认为他胆子太大了，都为他的安全捏一把汗。后来他在格陵兰岛的南部发现了一块不到一千米的水草地，绿油油的，十分喜爱。回到家乡以后，他骄傲地对朋友们说："我不但平安地回来了，我还发现了一块绿色的大陆！"于是格陵兰（Greenland）变成为了这块地域的称呼。

## ◎地势

格陵兰岛是一个由高耸的山脉、庞大的蓝绿色冰山、壮丽的峡湾和贫瘠裸露的岩石组成的地区。从空中看，它就像一片辽阔空旷的荒野，那里只有参差不齐的黑色山峰和偶尔穿透白色眩目并无限延伸的冰原。

※ 格陵兰岛的山脉

格陵兰岛以下不到180米的海脊与北美大陆实地相连。地质结构为加拿大地盾的延伸。该地盾是加拿大北部地势崎岖的高原，主要由坚硬的前寒武纪岩石构成。格陵兰最显著的地貌特征是它广大厚实的冰原，其规模之大仅次于南极洲，平均厚度1,500米，最厚处约3,000米，面积181万3,000平方千米，几乎占格陵兰全部面积的85％。光秃的冰原上风雪肆虐，层层积雪挤压成冰，不断向外缘冰川移动。雅各布港冰川常常一天移动30米，为世界上移动最快的冰川之一。无冰地分布在沿海地区，大部分是高原。山脉与岛的东西两岸平行，东南的贡比约恩斯山高3,700米。尽管有这些高原，大部分格陵兰冰原的岩底实际上相当或略低于海平面。

长而深的峡湾伸入格陵兰东西两岸腹地，形成复杂的海湾系统，这里人烟虽然稀少，景色却是极为壮观。在沿海岸的许多地方，冰体径直向海面移动；冰川断裂，滑入水中形成大块冰山。该岛南北纵深辽阔，地区间气候存在很大差异，位于北极圈内的格陵兰岛出现极地特有的极昼和极夜现象。每到冬季，便有持续数个月的极夜，格陵兰上空偶尔会出现色彩绚丽的北极光。

## ◎气候

格陵兰岛的气候属于阴冷的极地气候，仅西南部地区能受湾流影响气温略微提高。该岛冰冷的内地上空有一层持久不变的冷空气，冷空气上方常有低压气团自西向东移动，致使这里天气瞬息多变，或许这一刻还是阳光普照，下一刻就会风雪漫天。冬季(1月)平均气温南部为－6℃，北部为－35℃。西南沿岸夏季

※ 格陵兰岛极光

(7月)平均气温为7℃。最北部夏季平均气温为3.6℃。年平均降水量从南部的1,900厘米递减到北部的约50厘米。

格陵兰岛气候严寒，冰雪茫茫，中部地区的最冷月的平均温度为－47℃，绝对最低温度可以达到－70℃，是地球上仅次于南极洲的第二个"寒极"。而且根据科学工作者的测量，全岛冰的总容积达260万立方千米，假如这些冰全部融化的话，地球的所有海面就会升高6.5米。格陵兰岛正是靠这些厚厚的冰层，才使它能高高地突起于海平面上。如果把冰层去掉，具有现在这样高耸的气派的格陵兰岛将不会存在，而只能像一只椭圆形的盘子，固定在海面上罢了。

因为终年只有雪，没有雨，格陵兰岛成为冰雪王国，而且整个地区中只有西南沿海等少数地区无永冻层，那里有少量树木和绿地存在。道道冰川与厚重的冰山霸占着全岛85%的地面。

格陵兰岛的冰块内含有大量汽泡，如果放人水中，发出持续的爆裂声，是一种非常好的冷饮剂，人们将其称为"万年冰"。这种冰既洁净，纯度又高，在严热的夏日喝上一口"万年冰"是一种难得的享受。格陵兰盛产"万年冰"，冰层平均厚度为2,300米，仅次于南极洲的现代巨大的大陆冰川。

格陵兰在地理纬度上属于高纬度地区，它的最北端莫里斯·杰塞普角位于83°39′N，而最南端的法韦尔角则位于59°46′N，南北长度约为

2，600千米，相当于欧洲大陆北端至中欧的距离。最东端的东北角位于11°39′W，而西端亚历山大角则位于73°08′W。

## ◎冰雪

在格陵兰岛那深广无边的白色世界里，因为寒冷降雪无法融化，于是年复一年地积累起来。新雪轻松柔软，每立方米重 100 千克。实际上，新雪直接飘落冰面的机会并不多。因为这里常年狂风大作，六角形雪花还在风中飞舞的时候就会发生碰撞，被渐渐磨去棱角，变成水泥粉一样的积雪，随风掉落在冰面，形成风积雪。风积雪

※ 格陵兰岛的冰雪

的密度比新雪大，每立方米重 400 千克。就这样降雪一层覆盖一层，随着深度和压力的增加，新雪就会渐渐变成由细小雪晶粒组成的粒雪，到 70～100 米深时，雪晶体互相融合，雪晶体颗粒之间的空气被压缩成一个个独立的小气泡，变成白色的气泡冰，或称新冰，新冰的密度可以达到每立方米 820 千克。当埋藏深度超过 1，200 米时，巨大的压力使新冰中的气泡消失，气体分子进入冰晶格，细小的冰晶体迅速融合扩大成巨大的单晶（最大直径可达 10 厘米），最终形成蓝色的坚硬老冰，也叫做蓝冰。被覆盖在白色新雪、粒雪及新冰下面的蓝冰，是构成大陆冰盖的主体。而且，越是深层的冰，形成的年代越古老。据估计，格陵兰冰盖最深处冰层的年龄可以达到几十万甚至百万年以上。

## ◎自然资源

### 矿产资源

格陵兰岛有着十分丰富的自然资源，尤其是陆上和近海石油和天然气储量相当可观，仅格陵兰岛的东北部就蕴藏着 310 亿桶的石油，这几乎是丹麦所属的北海地区储油量的 80 倍。另外，格陵兰的铅、锌和冰晶石等矿藏也具有经济价值。在格陵兰岛，1970 年代勘探出的铀、铜和钼矿，

1989年又发现了特大型金矿，不过当地的气候和生态限制着这些资源的开采，所以丹麦政府规定有限度地开采。

## 动物资源

在夏季可以看到大量的鸟类来格陵兰岛繁殖，这个时候植物也开始生长。这些鸟类中有许多来格陵兰岛只是为了繁殖，然后当冬季来临时又会飞向南方，但也有些鸟是全年都驻足于此地的，雷鸟和小雪巫鸟就是其中的两种。格陵兰岛也是世界最大的食肉动物——北极熊的家园，这里还有狼、北极狐、北极兔、驯鹿和旅鼠等动物。格陵兰岛北部有大批麝牛，在沿岸水域还常见鲸和海豹。咸水鱼则有鳕、鲑、比目鱼和大比目鱼，河流中则有鲑和鳟。

## 植物资源

格陵兰的植被以苔原植物为主，主要包括苔草、羊胡子草和地衣。只有在有限的无冰地区可以见到一些矮小的桦树、柳树和桤树丛勉强存活，除此之外，其他树木几乎不见生存。

---

**拓展思考**

1. 你了解格陵兰岛的历史吗？
2. 怎样保护格陵兰岛的生态？
3. 陵兰岛极夜极昼时有什么影响？

---

# 因纽特人

*Yin Niu Te Ren*

因纽特人又称爱斯基摩人,最先叫他们"爱斯基摩"一词的是印第安人,这词的意思即"吃生肉的人"。因为"爱斯基摩"这一名字含有贬意,所以他们不喜欢人们称他们为"爱斯基摩"。"因纽特"的意思为"真正的人",他们认为"人"是生命王国至高无上的代表,故外界也逐渐改口称呼他们"因纽特人",以尊重其文化精神。因纽特人是北极地区的最重要的土著民族。大约在3000多年前到达北极地区,传说是蒙古族的后代。他们多居住在北极圈内的格陵兰岛(丹麦)、加拿大的北冰洋沿岸和美国的阿拉斯加州等地。

## ◎文化

因纽特人先后创制了用拉丁字母和斯拉夫字母拼写的文字。社会以地域集团为单位。首领多为萨满,行一夫一妻制。

因纽特人的宗教信仰与崇奉泛灵论的风习相似。多信万物有灵和萨满教,部分信基督教新教和天主教。在与外界交流的同时,这些土著居民因日益受到白人文化影响,在格陵兰地区已有80%的因纽特人移居小城镇。

## ◎特征

因纽特人的容貌特征和蒙古人种相当一致,具体表现为他们个子比较矮、黄皮肤、黑头发。近年来的基因研究发现,他们其实更接近西藏人。面部宽大,颧骨显著突出,眼角皱襞发达,四肢短,躯干大,不仅有相似的这种形态,而且生理上也同样适应寒冷。但是因纽特人外鼻比较突

※ 因纽特儿童

出，上、下颚骨强有力地横张着，因头盖正中线像龙骨一样突起，所以面部模样呈五角形。

## ◎生活

因为因纽特人生活在南极寒冷的天气下，为了应对这种天气，他们的服装都是以动物的毛皮为原料，因此能最好地抵抗北极的严寒。驯鹿皮、熊皮、狐皮、海豹皮，甚至狼皮都是他们做衣服鞋子的主要材料。

因纽特人通常是上身穿一件厚厚的皮袄，不穿内衣，皮袄很轻，下面虽然敞着口，但会有暖空气向上升，所以热气不会从下面散失。皮袄上带有连衣帽，系得紧紧的，以防热量从上面散失，如果感到很热，只需稍稍松开帽子，让暖气流走就可以。连衣帽的边缘镶有狼獾皮或狼皮，因为这两种皮与其他毛皮特性不同，所以人呼出的水气不会在上面凝结成冰。如果要外出打猎或活动不多时，因纽特人会再穿上宽大的皮毛朝外的风雪外衣，这种外衣之所以这样设计，主要功能是防风雪。

在极冷的气候下，因纽特人会在轻软的鞋外再套上最外层的靴子。再加上两件毛皮上衣、毛皮裤子、长统靴以及连指手套，这样的装扮可以保证他们在-50℃的天气中也能生存，甚至可以在外待几小时。

## ◎生活方式

因纽特人世世代代以狩猎为生。他们在海岸边安家落户，主要靠猎捕海象、独角鲸以及陆地上的鸭子、加拿大驯鹿、白熊、麝牛、极地狐和北极熊等为食，这些猎物也是他们主要的生活来源。以肉为食，毛皮做衣物，油脂用于照明和烹饪，骨牙作工具和武器。因纽特人有很好的分工，男子狩猎和建屋，妇女制皮和缝纫。现在他们也开始使用现代渔猎工具，并乘汽艇从事海上狩猎，还从事毛皮贸易。

在格陵兰北部生活的因纽特人会在冬夏之交猎取海豹，6～8月以打鸟和捕鱼为主，9月猎捕驯鹿。而生活在阿拉斯加北端的因纽特人，全年以狩猎海豹为主，并在冬夏之交猎取驯鹿，4～5月捕鲸。

现在虽然步枪取代了传统武器，但对因纽特人来说渔叉还是一种有效的补充工具。他们捕食的鱼类主要是海鱼，如：鲨、鳕鱼、鳙鱼菜、鳟鱼和红鲑鱼，一些地方化的种族也捕捉淡水鱼。捕鱼活动一般是在大浮冰上进行，更多时候会在浮冰下进行，不同的种族用不同捕鱼工具捕不同类型的鱼，如：钓鱼钩，渔网，捕鱼篓，渔叉。

夏季，因纽特猎人会划着单人皮划艇，带上海豹叉或带刺梭标、网、

※ 因纽特人向孩子展示渔叉

绳子等工具来到海豹经常出没的海面寻找猎物。猎人静静地划着双桨，不停地在海面搜索，一旦发现猎物，猎人便会快速悄悄接近目标，等到靠近时，猎人迅速拿起渔叉使劲投向海豹。因为被叉到的海豹会潜入水中，甚至可能会把船拖翻，所以猎手必须用网迅速拖住海豹，直到海豹最后精疲力尽，这时猎人再接近猎物，杀死它，把它拴在船边，等着一切做完，他们会全面检查一下船上设施，继续寻找下一个猎物。

　　到冬季时，海面冰封，海豹无法在冰下找到换气的地方，它们就会由下而上把冰层凿出一个洞，作为呼吸孔。冬季时因纽特人就依靠寻找海豹呼吸孔来猎捕海豹。

## ◎交通方式

　　由于因纽特人赖以生存的大多数动物每年至少要迁移两次，因而以这些动物为生的他们注定要跟随食物源过着迁移的生活。因纽特人主要是靠双脚徒步旅行来迁移。冬季他们可以使用狗拉雪橇，但是到了夏季，由于冰雪融化，雪橇无法使用，只能让狗驮一些东西。因纽特人的交通工具与季节相关，夏季主要使用海上交通工具是皮船，冬季船就派不上用场。不过因为拉雪橇的狗和人吃一样的东西，而且比人吃得还要多，所以对于大多数人来说使用狗拉雪橇作为交通工具是困难的。一些条件差的因纽特人养不起狗，就只能靠人力拉橇。

　　因纽特人的水上交通工具皮划艇独具特色，这种皮划艇是先用木头做成框架，然后用几张海豹皮或海象皮覆盖其上，这样一来船体既轻又防水。因纽特人使用的皮划艇分为两种：一种是敞篷船，因纽特人称为屋米亚克。各地因纽特人做的敞篷船样式基本上没什么不同，只有格陵兰岛东部的因纽特人因为缺少木头，他们选用用动物的骨头和筋做框架，这种船长9米，可同时载900千克的货物和8个人，但是船本身很轻，4个人就能轻松地抬走，而且操作简单，几支浆、几个划手和一只帆就能启动。阿拉斯加因纽特人通常将狗拴在船头，让狗在海岸或河岸上拖着船跑，舵手使船和岸保持一定的距离，并有一人划船，前方遇到呷角或陆地时，再把狗放到船上；另一种是带舱的船，因纽特人称为柯亚克。这种船的样式较多，各地制作的这种船样式不一，材料也不相同，但是都拥有船体狭窄、速度快、便于操纵这些不变的共同点。这种船主要用于打猎，因为用它追逐猎物速度快，操纵灵活，其船长6米，宽1米，船体只能容下1个人。

## ◎居住

　　雪屋是因纽特人传统的房屋，顾名思义，雪屋是雪砖垒成的圆屋顶的房屋，其建筑材料就是一条条长方形的大冰块，建筑方法是先将冰块交错堆垒成馒头形的小屋，再在冰块之间浇水，很快便冻成一体，密不透风。雪屋的建筑材料纯天然，绝对称得上是无污染建材，无公害施工。这是

※ 冰屋

加拿大因纽特人的独创，至今仍可见到，但用于居住的不多了，现在多用于旅游观光。这种雪屋供冬季使用，在冬季还住在石头屋或泥土块屋子里。夏天，因纽特人则住在兽皮搭成的帐篷里。

▶ 知识窗

### · 雪屋特点 ·

因纽特人建造雪屋通常要在入口外挖一个雪下通道。这个通道可以从两方面来保持室温：第一，由于通道在雪下，因而风、冷空气不能直接进入屋内；第二，由于采用地道入口，暖空气向上聚集在屋内，人睡觉的地方就暖和多了。因纽特人常常半赤裸地睡在圆顶雪屋内，室内温度由他们的体温或点燃煮食用的小油灯来维持在约16℃以上。屋子顶部必须保持开着一个孔，以供通风而不使内壁融化。

### 拓展思考

1. 人们在北极的活动对因纽特人都有哪些影响？
2. 因纽特人和我国鄂伦春族有何相同之处？
3. 你了解我国鄂伦春族文化及现状吗？

地球上的南北两极

两极动物

LIANGJIDONGWU

第四章

即使是地球上最寒冷的南极也有着动物—企鹅的存在。在地球的两端，南极与北极都有着其独特的动物生存在冰天雪地之中。它们才是两极真正的主人，而人类的踏足就像是匆匆的旅游者，永远不属于这两片洁净之地的主人。本章就带你去认识两极的主人们。

# 雪地精灵——北极狐

*Xue Di Jing Ling——Bei Ji Hu*

北极狐属犬科。被人们誉为雪地精灵的北极狐，也被称为蓝狐、白狐。它的特征是额面狭，吻尖，耳圆，尾毛蓬松、尖端白色。它们在北极草原上可以说是真正的主人，它们不仅世世代代居住在这里，而且除了人类之外，几乎没什么天敌。

## ◎外形特征与分布

北极狐有极美的外形，它体长 50～60 厘米，尾长 20～25 厘米，体重 2500～4000 克。它们的毛色会发生变化，自春末至夏季，体毛由白色逐渐变成青灰色，故常被称为"青狐"。北极狐体型较小而肥胖，嘴短，耳短小，略呈圆形，颊的后部生有长毛，腿短。冬季全身雪白，仅鼻尖为黑

※ 从洞穴中出来的北极狐

色，若不仔细分辨就不会看到。到夏季的时候它的体毛颜色逐渐加深，变为灰黑色，只有腹部颜色较浅。因为长期对所处的外界环境的适应，它有很密的绒毛和较少的针毛，尾长，尾毛特别蓬松，尾端白色，这有利于它在这一地区的生存。北极狐可以在零下50℃的冰原上生活。在北极狐活动的地区冰雪很常见，因为北极狐的脚底上长着长毛，所以它可在冰地上行走，不打滑。

北极狐在野外分布很广，主要存在于俄罗斯极北部、格陵兰、挪威、芬兰、丹麦、冰岛、美国阿拉斯加和加拿大极北部等地。它们喜欢结群活动，栖息地基本是在岸边向阳的山坡下掘穴居住。

## ◎食物

适合北极狐的食物主要包括旅鼠、鱼、鸟类、雀蛋、果实、北极兔等，它们有时会漫游海岸捕捉贝类，北极的自然环境让北极狐冬季有贮藏食物的习性。

虽然有其他食物可用，但北极狐最主要的食物来源还是旅鼠。当遇到旅鼠时，北极狐会极其准确地跳起来，然后猛扑过去将旅鼠按在地下，然后吞食掉。它们对旅鼠的味道很敏感，甚至当北极狐闻到旅鼠窝里的旅鼠气味和听到旅鼠的尖叫声时，就能迅速地挖掘位于雪下面的旅鼠窝，等到扒得差不多时，北极狐会跳起，用腿将雪做的鼠窝压塌，将旅鼠全埋在雪中，然后再逐个吃掉它们。北极狐有时会捕捉小鸟，捡食鸟蛋，追捕兔子，或者在海边捞取软体动物充饥。到了秋天，除了以上食物，它们也会在草丛中寻找一些浆果食用以补充身体所必须的维生素。

## ◎繁殖与社群性

北极狐喜欢在岸边向阳的山坡下掘穴居住。每年2～5月发情交配，怀孕期为51～52天，每胎产8～10仔，寿命为8～10年。

3月份是北极狐的发情期。当发情开始时，雌雄北极狐都会以鸣叫的方式吸引异性。这时雌北极狐头向上扬起，坐着鸣叫，这是给雄北极狐发出的呼唤信号。雌雄北极狐的叫声也有差别，雄性在发情时比雌性叫得更频繁、更性急些，最后会用类似猫打架的叫声结尾。雌雄北极狐交配后，一般只要51～52天，一窝小狐狸便诞生了，每窝一般8～10个，最高纪录是16个。刚出生的幼狐尚未睁开眼睛，它们还没有能力生存，这时母狐会专心致志给它们喂奶。一般16～18天左右，小北极狐便能睁开眼了。而经两个月的哺乳期后，母狐便开始从野外捕来旅鼠、田鼠等喂养小狐狸，每当母狐叼着猎物回来时，就会轻柔地一声呼唤，小狐狸们便争先恐后地冲出洞穴，分享猎物。小狐狸们能很快成熟，约有 10 个月的时间，小狐狸们便开始达到性成熟，这时候它们就可以另建家庭，独自生活了。

※ 夏季毛色成黑灰色的北极狐

根据以往的说法，狐狸被认为是不合群的动物，但是近年来的观察结果表明，狐狸有其一定的社群性。除了具有一定的群体性外，北极狐还具有领域性的。如其他群居动物一样，在一群北极狐中，雌狐狸之间是有严格的等级的，头狐可以支配并控制这一群体的其他雌狐。此外，同一群中的成员会分享同一块领地，即使这些领地和临近的群体的领地相接，也很少有重叠，这说明狐狸有一定的领域性特征。

北极狐的数量和它的主要食物有关，因为北极狐的主要食物来源是旅鼠，所以随旅鼠数量的波动北极狐的数量也是在上下波动的。通常情况下，旅鼠大量死亡的低峰年，正是北极狐数量高峰年，为了生计，北极狐开始远走它乡；到了这时候，狐群会莫名其妙地流行一种叫"疯舞病"的疾病。这种病系由病毒侵入神经系统所致，得病的北极狐会变得异常激动和兴奋，往往控制不住自己，到处乱闯乱撞，甚至胆敢进攻过路的狗和狼。这些得病的狐狸大多在第一年冬季就死掉了，死亡的数量非常多，具体表现为尸体之多，能达每平方千米就剩下 2 只存活的，而当地猎民往往从这些狐尸上取其毛皮。

## ◎价值

北极狐有一身很好的皮毛。北极狐身披既长又软且厚厚的绒毛，即使气温降到－45℃，它们仍然可以生活得很舒服，因此，它们能适应北极严寒，从而在北极严酷的演变中世代生存下去。而让北极狐生存下去的御寒皮毛，却也成了人类十分关注的目标，人们深知狐狸皮毛的价值和妙用，达官显贵、腰缠万贯的人们以身着狐皮大衣而荣耀万分，风光无限。狐皮品质也有好坏之分，越往北，狐皮的毛质越好，毛更加柔软，价值更高，因此，北极狐成了人们竞相猎捕的目标。

因为北极狐的皮毛洁白无杂色，优质，毛细密柔滑，在冬季又很保暖，在毛皮市场很受欢迎，价格也比其他狐类贵，在北极圈内小镇巴罗的商店里，一张狐狸皮标价为 100～300 美元。

野生的北极狐数量满足不了人类，不过可见到大量的人工饲养的毛色突变品种，如影狐、北极珍珠狐、北极蓝宝石狐、北极白金狐和白色北极狐等，这些变种北极狐都统称为彩色北极狐。变种狐狸的皮毛在市场也很受欢迎，尤其是北极蓝宝石狐的毛更受时尚界的欢迎。所以就出现了很多北极狐人工饲养场。

▶ 知 识 窗

白狐皮是裘皮中的珍品，色泽纯洁，皮质柔韧，既美观又保温，是制裘工业的高档原料，在国际市场上被称为"软黄金"，是世界三大裘皮支柱之一。自从中国加入世界贸易组织后，白狐皮俏销国际市场，给我国养狐业带来更大的发展机遇。目前一张狐皮价格为 600～700 元，加工成围脖市场价达 2000～3000 元。

▎拓展思考▕

1. 北极狐和其他的狐类有什么区别？
2. 饲养北极狐需注意什么？
3. 我国养狐有着怎样的发展？

# 北极旅鼠

Bei Ji Lu Shu

旅鼠是一种可爱的哺乳类小动物，属于啮齿目仓鼠科，体形椭圆，四肢短小，体小，最大的也只能长到 15 厘米，它尾巴粗短，耳小，两眼闪着胆怯的光，但是被逼急了也会反抗。旅鼠毛色简单，毛上层为浅灰色或浅红褐色（有时也会呈橘红色），下层颜色更浅。冬天的时候，有的旅鼠毛色会变为全白，在北极那冰天雪地里更有利于保护自己。

因纽特人称其为来自天空的动物，而斯堪的纳维亚的农民则直接称之为"天鼠"。被这样称呼与其繁殖有关，因为特定的年头里，在旅鼠繁殖季节，它们的数量会大增，就像是天兵一样，突然而至，故北极人们对此有这样的称呼。

※ 旅鼠

## ◎分布与天敌

旅鼠主要生活在高纬度地区，主要分布于挪威北部和亚欧大陆的高纬度针叶林，以根、嫩枝、青草和其他植物材为食。虽然旅鼠很小，但是数量多，身体肥胖，成了北极其他动物的食物。旅鼠的天敌很多，如贼鸥、灰黑色海鸥、粗腿秃鹰、雪鸮、北极狐狸、黄鼠狼、北极熊等。一对雪鸮和它们的子女一天就可吃掉 100 只旅鼠。甚至于草食性的驯鹿，也会对旅鼠大开杀戒，用蹄将其踩死，然后食。

## ◎生活习性

旅鼠是哺乳动物，但它不像是其他哺乳动物那样繁殖能力很低，相反

※ 被北极狐抓到的旅鼠

它的繁殖能力很强。在北极的 3 月份，当北极狐为求偶而发出的粗哑尖叫声打破了宁静的苔原带时，旅鼠早已产下了第一窝仔，并在雪下忙于抚养它新生的子女。旅鼠每年可繁殖多窝，一只母旅鼠一年可生产 6～7 窝，新生的小旅鼠出生后 30 天便可交配（最高的记录是出生后 14 天便可交配），经 20 天的妊娠期，即可生下一窝小旅鼠，每窝可生 11 个。若以这样的速度算下来，旅鼠一年就可以繁殖上万只。

与超强的繁殖能力相比，旅鼠的寿命却很短，只有不超过一年的时间。旅鼠的成熟期也很短，雄性为 44 天以上，而雌性为 20～40 天，若旅鼠在夏季时体重未达到 20 克时，它们在冬季时便会停止成长，直到春天时才性成熟。

为了补充繁殖时所消耗的能量，旅鼠的食量是相当惊人，它们一顿可吃相当于自身重量两倍的食物，不仅如此，它的食性广，几乎所有的北极植物如草根、草茎和苔藓之类均在其食谱之列，它一年可吃 45 千克的食物，因此，人们戏称旅鼠为"肥胖忙碌的收割机"。

在北极苔原地区，食物的缺乏和众多的数量就会迫使它们大量迁徙。研究人员发现，旅鼠的迁移速度很快，它们能在一天内迁徙 16 千米左右。但是过快的迁徙速度，会致使一些体力较弱的旅鼠因落后掉队而死亡。

旅鼠会在春天从冬天时的干燥地区移往夏天的潮湿地区，因为其超强的繁殖力，旅鼠的数量约三、四年就达到族群颠峰，所以在达到巅峰那年的夏末或秋季时，它们会由高密度的地区迁往低密度的地区。

## ◎旅鼠究竟有多强的繁殖力

北极所有动物中繁殖力最强的动物无疑非旅鼠莫属，以它们的繁殖习性可以计算它们的繁殖率。它们一年能生 7～8 胎，每胎可生 20 只幼崽，而且只需 20 多天，幼崽即可成熟，并且开始生育。从 3 月份的两只，到 8 月底～9 月初就会变成 1647086 只的庞大队伍。即使除去因气候、疾病和天敌等原因中途死掉一半，一年繁殖下来数量也达到了可观的 82 万只，平均密度可达到每公顷 250 只之多。

其实，在平常年份，旅鼠只进行少量繁殖，使其数量稍有增加，甚至保持不变。只有到了气候适宜和食物充足时，旅鼠才会齐心合力地大量繁殖，使其数量急剧增加，不过一旦达到一定密度，例如 1 公顷有几百只之后，奇怪的现象便会发生了：这时，几乎所有旅鼠会突然变得焦躁不安起来，它们东跑西撞，喧闹并且无休止，它们这时候会停止进食，焦躁不安的似乎是大难临头，世界末日就要来临一样，而且性子也会一反常态，不再是见人就跑的胆小怕事，非但不胆怯而是恰恰相反，在任何天敌面前都面不改色，无所畏惧，有时甚至会主动进攻，真有点天不怕地不怕的样子。更加不可思议的是，连更利于它们生存的毛色也发生了明显的变化，那为了躲避天敌便于隐蔽的灰黑色变成目标明显的桔红，这样一来更容易吸引天敌的注意，来更多地吞食和消耗它们。与此同时，它们还显出一种强烈的迁徙意识，纷纷聚在一起，形成大群。先是到处乱窜的忙乱，像是做出发前的准备，接着不知由谁一声令下，它们就会成群沿着一定方向进发，星夜兼程，狂奔而去，而大海总是它们最终的归宿。而当它们进行这种死亡大迁移时，总会留下少数同类看家，并担当起传宗接代的神圣任务，使其不至于绝种。这一切，看上去似乎都是经过周密安排的。

## ◎旅鼠与北极其他动物的生活关系

旅鼠周期性的数量波动也会带动以它为食的天敌们数量减少或增多。几乎每隔 3～4 年，旅鼠数量会剧增，持续时间不会很长，一般仅持续一年的时间便开始下降。调查结果证明，有些年份在北极狐的胃中可发现整窝旅鼠，说明北极狐是从雪下将旅鼠挖出来的。旅鼠数量的增加，同样给北极狐的繁殖提供了绝好的条件，具体表现为，这时 100％苔原地区的狐狸洞都有北极狐居住，而且每窝平均产仔 8 只；当旅鼠数量降低后，北极狐食物来源严重不足，它们就不得不以营养价值低的食物为食，从而导致雌狐体质下降，不怀孕，或者即使怀孕，生出的幼狐体弱多病，不久便会死亡，影响的幼崽的存活率。这样连续 1～2 年的时间，北极狐的数量便会急剧降低。同样以旅鼠为主食的雪鸮，情况也是如此，当旅鼠数量增加时，雪鸮的数量也会随之增加，而当旅鼠数量降低后，大量的雪鸮由于饥饿，被迫南迁。在北美，每隔 3～4 年都可见到这种雪鸮的大量迁入，而在两次迁入之间，很少见到雪鸮。

## ◎死亡"大迁移"

在所有的北极动物中，小小的旅鼠也许是最为神秘莫测，令人费解的了。因为和其他动物相比，它身上有很多不解之谜，在其诸多的奥秘当中，最令人莫名其妙的则是所谓的"死亡大迁移"。

据记载，早在 1868 年，人们就已经注意到了这样一种奇怪的现象：这年春天，晴空万里，阳光灿烂，一艘满载旅客的航船行驶在碧波荡漾的海面上，突然，人们发现在远离挪威海岸线的海中，有一大片东西在蠕动。仔细观察，原来是一大批旅鼠在海中游泳，一群接着一群从海岸边一直向海中游来，游在前面的，当体力用尽后，便溺死海中，紧随其后的旅鼠仍奋不顾身，继续前进，直到溺死为止。事后，海面上漂浮着数以万计溺死旅鼠的尸体。时至今日，这种现象屡有发生。

旅鼠会集体自杀的原因，科学家们虽然进行了大量的观察和研究，却仍然众说纷纭，莫衷一是，提不出一个令人信服的解释来，而且得到的一些解释也不尽相同。有人认为，旅鼠之所以会集体自杀，可能与它们的高度繁殖能力有关。旅鼠喜独居，好争吵，当其种群数量太高时，它们会很容易变得异常兴奋和烦躁不安，这时，它们便会在雪下洞穴中吱吱乱叫，东奔西跑，打架闹事。因此有人认为，正是由于其繁殖力过强，达到一定数量后旅鼠得不到充足的食物和生存空间，只好奔走他乡。不过除北欧以外，旅鼠在美洲西北部、俄罗斯南部草原、一直到蒙古一带均有其分布，极广的分布范围内，只有北欧挪威的旅鼠有周期性的"集体跳海自杀行为"。针对这种情况，又有生物学家进一步解释说，在数万年前，挪威海和北海比现在要窄得多，那时，旅鼠完全可以游到大海彼岸，长此以往，世代相传，形成了一种遗传本能。然而，由于地壳的运动，目前的挪威海和北海已今非昔比，比过去要宽得多，但旅鼠的遗传本能仍然在起作用，因此，旅鼠照样迁移，但是已经变化了的环境导致它们最后溺死海中，结果就成为一幕幕旅鼠集体自杀的悲剧。

但是，这一学说理由存在严重的不足。因为旅鼠是啮齿类动物，它几乎以北极所有的植物为食，而且即使达到每公顷 250 只的密度也是地广鼠稀，所以因为得不到足够的食物和生存空间而有了迁移现象并不能令人信服。更加有说服力的是，旅鼠在迁移过程中即使遇到食物丰富、地域宽广的地区也不停留。况且，旅鼠也迁入巴伦支海和沿北冰洋北上，若按上述观点，许多年前巴伦支海北部理应有陆地，否则，旅鼠又为何北迁呢？对此，苏联（已解体）的科学家又提出了新的解释，在 1 万年以前，地球正处在寒冷的冰期，北冰洋的洋面上结成了厚厚的一层冰，风和飞鸟分别把大量的沙土和植物的种子带到冰面，因此，每逢夏季，这里仍是草木青青，旅鼠完全可能在此生存。只是由于后来气候变化，才导致原来冰块的消失，而如今向北跳入巴伦支海的旅鼠，由于遗传本能正是为了寻找昔日的居住地。这一解释虽然有一定的道理，但缺乏充足的证据的支持，因此仍不尽人意。

另一种学说则认为，由于种群数量的增加，导致旅鼠活动过度（紧张不安，东奔西跑）和社群压力增加，结果旅鼠的肾上腺增大，神经高度紧张，显得焦躁不安起来，而且运动的欲望十分强烈，于是便有了分散和迁移的冲动，甚至有些企图横渡大海，尽管旅鼠善于游泳，但终因体力不支而被溺死；还有一些是刚跑到食物稀少的边缘地区，一时得不到充足的食物，旺盛的性欲随之下降，于是种群数量开始大规模降低。不过，这个学说也有一定的缺陷，因为高密度的后果往往不会马上在当代就出现，而是在下一代才受影响。总之，关于旅鼠集体入海自杀的问题，不但有外部环境条件的影响，也有旅鼠自身生理上、行为上，甚至遗传上的因素。这个问题如此复杂，想理解清楚还有许多研究工作要做。

值得一提的是，研究旅鼠生命周期的科学家还发现，在其数量急剧增加的时期，旅鼠体内的化学过程和内分泌系统同时也发生变化。有人认为，这些变化可能正是生物体内控制其种群数量的开关，当其数量达到一定程度时，这些变化就会促使该种群大量的集体死亡。但旅鼠到底是集体自杀，还是在迁移过程中误入歧途坠入大海而溺死，至今仍然看法不一，这也一直是生物界中一大难解之谜。

还有一种解释，旅鼠这个北极草原上的老大，因为其超强繁殖能力导致它们的生育速度实在太快了，一胎最多可以生 20 只。20 天就可以成熟。一对鼠如果从春天开始致力于生育大计，到秋天就会制造出几十万只后代。这样下去旅鼠的数量总会达到能把草原上可食之物全部吃光的程度。面对这种状况，它们得考虑子孙后代的事了，而它们选择的解决方法就是死亡，主动的死亡是最好的方式。

所以这时，旅鼠不再掩饰，主动暴露，颜色从原来的灰黑色忽然变成鲜艳的橘红色，暴露出自己的所在，引来天敌为自己举行腹葬。但是狐狸们、猫头鹰们这些天敌怎么努力也不可能吃光所有的旅鼠。

于是旅鼠们集合起来，几十万只、几百万只成群结队地开始了一生中最悲壮的旅行。它们铺天盖地地向大海涌去，前面的旅鼠逢水架桥，以肉体填平小河、池塘，后面的旅鼠踏过同类的尸体继续前进。大军所到之处，植物统统被吃得精光，草地变成荒原，它们的死亡队伍来到海边之后，几百万只旅鼠抱在一起，像座小山似的在水里翻滚……

旅鼠名字的由来，就是因为这种死亡之旅。美国的皮特克用营养恢复学说来解释旅鼠的自杀：当鼠类数量达到高峰时，植被因遭到过度啃食而被破坏，食物不足，隐蔽条件恶化，于是，它们只好除了留下少数以繁衍后代之外，统统去死。等到植物恢复时，它们的数量再节节攀升。

▶ 知 识 窗

　　迪斯尼在 1958 年拍摄的记录片《白色荒野》中，就记录了旅鼠成群结队地迁徙、最终跳海自杀的场面，配上了非常煽情的解说。这部奥斯卡获奖影片影响深远，使旅鼠奔赴死亡之约的动人传说在西方家喻户晓。

拓展思考

1. 旅鼠为什么会自杀？
2. 思考旅鼠自杀原因是否与北极生态有关系？

地球上的南北两极

# 因纽特人的最爱——北极驯鹿

*Yin Niu Te Ren De Zui Ai——Bei Ji Xun Lu*

北极驯鹿属鹿科，又名角鹿。体型中等，雌雄都有角；角干向前弯曲，各枝有分杈，雄鹿 3 月脱角，雌鹿稍晚，约在 4 月中、下旬；驯鹿头长而直，耳较短似马耳，额凹；颈长，肩稍隆起，背腰平直；尾短；主蹄大而阔，中央裂线很深，悬蹄大，行走时能触及地面，能适于在雪地和崎岖不平的道路上行走；体背毛色夏季为灰棕、栗棕色，腹面和尾下部、四肢内侧白色，冬毛稍淡、灰褐或灰棕，5 月开始脱毛，9 月长冬毛。雌鹿体重可达 150 多千克；雄鹿较小，为 90 千

※ 北极驯鹿

克左右。驯鹿的冬毛十分浓密，长毛中空，充满了空气，这样一来，驯鹿不仅可以保暖，游泳时也增加了浮力。

## ◎生活习性

北极驯鹿主要栖于寒带、亚寒带森林和冻土地带。多群栖，由于食物缺乏，常远距离迁徙。一般以苔藓、地衣等低等植物为食，随着季节变化也吃树木的枝条和嫩芽、蘑菇、嫩青草、树叶等。9 月中旬至 10 月交配，妊娠期 7～8 个月，每胎产 1 仔，偶见 2 仔，哺乳期约 5～6 个月。雌性幼兽 18 个月性成熟，雄性稍晚，需 30 个月左右。

北极驯鹿与世界其他鹿种相比有两点不同，主要表现为：一是雌鹿同雄鹿一样都长着树枝般的角；二是驯鹿像候鸟一样，入冬时节，便开始一群群地往南迁移。它们的迁徙与季节有关，早春时节，便开始向北进发，它们迁移非常远，常常长途跋涉 500～700 千米，甚至上千里。而且迁徙

过程中通常是成年的雌鹿充当前锋。

幼小的驯鹿生长速度非常迅速，在冬季受孕的母鹿，会在春季的迁移途中产仔。幼仔产下两三天即可跟着母鹿一起赶路，一个星期之后，它们就能像父母一样跑得飞快，时速可达每小时 48 千米。

> **知识窗**
>
> 　　驯鹿实际上并不是人工驯养出来的。英文 Caribou 是指分布于北美的野生驯鹿，而把分布在北欧，经过拉普人管理和驯养的驯鹿叫做 Reindeer。可做交通工具。在西方，北极驯鹿是作为圣诞老人拉车给孩子们送礼出现的。

## ◎迁徙

驯鹿最令人吃惊的举动就是每年一次的长达数百千米的大迁移。春天一到，它们便会沿着几百年不变的既定路线离开赖以越冬的亚北极地区的森林和草原，往北进发。而且总是由雌鹿打头，雄鹿紧随其后，浩浩荡荡，跋山涉水，井然有序，长驱直入，日夜兼程，边走边吃。在迁徙的路上，驯鹿开始换毛，新生长的长毛薄薄的。它们沿途脱掉厚厚的冬装，生出新的薄薄的夏衣，脱下的绒毛掉在地上，正好成了路标。这样年复一年的迁移，不知道已经走了多少个世纪。迁移途中，平时它们总是习惯匀速前进，秩序井然，只有当狼群或猎

※ 驯鹿的迁徙

人追来的时候，才会来一阵猛跑，发出惊天动地的声音，扬起漫天尘土，打破草原的宁静，在本来沉寂无声的北极大地上上演一场生命的角逐，这是生命的本能，因此，有人把驯鹿的迁移叫做"胜利大逃亡"。

## ◎对因纽特人重要性

北极驯鹿对因纽特人来说很重要，是因纽特人重要的物质来源。因为与牛肉的味道很相似，很是鲜美，北极驯鹿的肉侧成了因纽特人的上好食

※ 驯鹿

物。而且驯鹿的皮则可以用来缝制衣服、帐篷和皮船等。骨头也可做成刀具、挂钩、标枪尖和雪橇架等，还可以雕刻成工艺品，对因纽特人有很大的帮助。

**拓展思考**

1. 北极驯鹿与我国驯鹿有何不同？
2. 驯鹿在我国的历史文化中代表着什么？
3. 你了解我国驯鹿的生活状况吗？

地球上的南北两极

# 从不挑食的动物——北极狼獾

*Cong Bu Tiao She De Dong Wu——Bei Ji Lang Huan*

北极狼獾身长可达1米，重达25千克，北极狼獾的雄性和雌性体型不太相同，而且差距很大，一般雄性比雌性大30～40％，它们是鼬类家族中最大的动物之一。它们的头又宽又圆，但眼睛很小，耳朵又短又圆；浑身长着棕黑色的油亮长毛，四肢短粗，看上去很像大熊猫，但个头比熊猫小。北极狼獾的爪子很尖锐，但不能自如收缩，尾巴大而蓬松，身体两侧有一条浅棕色横带，从肩部开始到尾部汇合，形状像弯月，所以北极狼獾也被称作"月熊"。主要生活在北极边缘及亚北极地区的丛林当中。

## ◎生活习性

同北极熊类似，狼獾也是一种喜欢独来独往的动物，只有到了发情期

※ 北极狼獾

才会聚在一起。它们的活动范围很大，母獾的领地可达 50～300 平方千米，而公獾则更大，达 1000 平方千米以上，往往覆盖了好几个母獾的领地。母獾对自己的领地防守得很严，特别是在喂养幼仔和发情期间，对于任何母獾的入侵都会坚决地给予回击，但对发情的公狼獾则是欢迎的。

北极狼獾的妊娠期约 120 天左右，然后产下一窝幼仔，一般为 1～3 只，有时多达 4 只，幼崽生下来的时候没有牙齿，眼睛也不能睁开，全身的乳毛都是白色的。幼崽会在 2 个半月左右断奶，在小狼獾发情期到来之前，它们会一直和父母住在一起，一般小狼獾一年后才能达到性成熟。

## ◎食性

狼獾吃的食物不拘而且食性很杂，鸟蛋、小鸟，到旅鼠甚至秋天的浆果都可以成为它们的口中餐，但主要的食物却是驯鹿。特别是在冬天，当驯鹿群从北极草原回到边缘丛林的时候，它们就会大开杀戒，跟在猎物后面穷追不舍。北极狼獾长跑耐力非常好，它们一昼夜可以连续跑 40 多千

※ 在雪地上的北极狼獾

米不停息。它们腿短、脚大，相较于腿长但是蹄小的驯鹿，它们在厚厚的积雪上奔跑起来要容易得多。根据观测计算，狼獾踩在雪地上的压强只有驯鹿的1/10。

一旦捕到一头驯鹿，狼獾便会很快将其肢解，一部分当场吃掉，其余的部分并不似北极熊那样放着不管，而是分几个地方埋藏起来，以备在漫长的冬天找不到食物时再扒出来享用。

它们也靠腐尸充饥，这只是食物特别难寻找的时期的权宜之计。遇到死亡的驯鹿，它们会饥不择食，或者是靠狗熊或狼群的剩汤残羹甚至腐尸充饥。

北极狼獾还有个不同于其他动物的特性，北极狼獾捕捉到动物后，会在奄奄一息的食物上撒泡尿，做标记。如此一来一般动物都会畏避躲开，即便是同类的北极狼獾，它们也从不会掠食标记了同类尿液的食物。

## 知识窗

北极狼獾还常常偷盗人类的食物、偷盗或毁坏人们的器物。猎人安装好的捕套器，常常被它毁掉，被捕兽器套着的毛皮兽如银狐、黑貂之类，也被它吃掉或咬得乱七八糟。北极狼獾还可以模仿人类捕食猎物。它能破坏捕套器而从来不入套，可以说是相当狡猾的一种动物。

## ◎价值

对因纽特人来说狼獾的毛皮是难得的宝物，因为这种毛皮即使在气温非常低的情况下，遇到嘴里哈出来的蒸气也不会结冰，仍能保持柔软干燥，这对在户外活动的人是非常重要的，因为如果脸周围的皮毛结起冰来，就会很容易把脸部冻伤，而狼獾皮不用担心这个。

### 拓展思考

1. 我国的狼獾主要分布在什么地区？
2. 我国对狼獾的保护都有什么措施？

# 北极麝牛

*Bei Ji She Niu*

北极麝牛，因纽特人称之为"奎卫特"，头大，上面长着一对坚硬无比的角，是防卫及决斗的有力武器；耳朵小，毛被厚，毛粗糙，背部毛长 16 厘米，长毛的下面又生有一层厚厚的优质绒毛，身披下垂的长毛，可一直拖到地上，其鼻子是全身惟一裸露的地方。四肢短而粗，具宽大的蹄，极耐寒；毛棕色，冬季毛更长呈黑棕色；尾短，仅 7～10 厘米。体长 180～245 厘米，肩高 110～145 厘米，体重 200～300 千克，雌麝牛略轻也比雄麝牛小，大约只有雄牛的 3/4，其重量主要集中于长有肉峰的前半身，前重后轻，行动迟缓，是北极最大的食草动物。在北极只有为数不多的几个麝牛群，其总数约 7000 头。

※ 北极麝牛

北极熊和北极狼是北极麝牛的最大天敌。

## ◎生活习性

北极圈附近的多岩荒芜地方是北极麝牛的主要栖息地，它们喜欢群居，多以草和灌木枝条等植物为食，冬季亦挖雪取食苔藓和地衣。

在温暖的夏天，地面的冰雪有些融化后会有些植物露出来，麝牛就可以吃青草和芦苇等植物。与此同时，它们已经开始为了严酷的寒冬做准备了，它们在体内贮存脂肪，以便在严酷的季节里存活下来。

在冻土带的冬季，气温可能会降至零下 70 度，风暴也会持续几天不停。在最恶劣的天气里，麝牛会以多达 100 只的数量成群地挤在一起。年幼的麝牛被置于中间，成年的牛则背对着风，井然有序，直到最强的风暴过去。

麝牛的身体结构能够有效地降低热量散失，承受时速 96 千米的风速和－40℃的低温。正因为如此，它们可以在如此恶劣的环境下，照常生活自如。

一般情况下，麝牛很温顺，它们会慢慢的走路，有时停下来吃一点食物，接着平躺在地上细嚼慢咽，不一会儿便打起瞌睡来。醒过来后，接着再向前走一段距离。麝牛这样做并不是没有道理的偷懒，这一做法不仅可以减少能量的消耗，还能降低了食物的需求。据报道，由于麝牛保持能量的效率极高，所以它所需的食物仅占同样大小的牛的 1/6。

## ◎性格

麝牛性情温顺，从不主动攻击其他动物，即使北极狼群来犯，它们也总是严阵以待，从不主动攻击。

当然性情温顺并不是因为胆小，北极麝牛也很勇敢，在任何情况下都不退却逃跑。当狼和熊等敌害出现时，一群麝牛会立即形成防御阵形，成年公牛站在最前沿，而把幼牛围在中间。它们

※ 被北极狼围攻的北极麝牛

会竖起那坚硬如钢叉的犄角，对来犯者怒目而视，好像要以自己的威势使对方屈服。公牛会选择时机出其不意地发动进攻，用尖角袭击对方。长而厚的毛作用很大，可保护身体不被敌兽咬伤。公牛进攻后，并不一味地前冲，它们会立即返回原地，严阵以待。如果侵犯者是一头狼，在牛群四周转来转去，牛群就会跟着它旋转，并且始终让最强壮的牛正对着它。

## ◎繁殖

麝牛实行的是一夫多妻制，在繁殖以前，雄牛为了争夺群体的领导权而打斗。在此期间，它们会从脸部的腺体中释放出浓重的麝香味。打斗时它们用头撞击对方，展开激烈的战斗，直到一方让步离开为止。

▶知 识 窗

每个北极麝牛群都有一头雄性头领，同时这只麝牛头领还是群体里的雌性北极麝牛的"丈夫"。在发情期到来时，新长成的雄性北极麝牛，就会向所在群体

的老头领挑战。年轻的雄性麝牛战斗胜利后，就会立即与雌性交配。而失败的先头领麝牛，也不会离开这个群体。在遇到狼群的围攻时，老头领还会牺牲自己，让新的头领带着大家逃跑。

雌麝牛平均两年产一仔，孕期9个月左右，主要在5月或者6月产仔，每胎产一仔，偶有产2仔的例子。幼仔有着厚厚的毛皮，在出生后1小时之内就能够行走。大的雄牛站着时，算到肩膀处约有1.5米高，全身约2.5米长，相较于雄麝牛，雌麝牛的体形就小一些了。

北极麝牛幼崽的存活率很低，主要是因为当地天冷，夜比昼长，初生的幼仔往往因乳毛未干即被冻死。

## ◎历史

麝牛已经有很长的存在历史，它们是冰川纪遗留下来的古老生物，距今在地球上已存活了60万年，而与之同一时期的猛犸象、柱牙象等庞然大物都因地球环境的变化和早期人类过度捕杀而灭绝了，只有麝牛仍在北极地区顽强地生存，成为著名的活化石，属于国宝级动物。

## ◎自然与人类影响

在隆冬季节，温暖的气流有时会为北极带来一场大雨，野外的麝牛往往会被大雨淋湿，雨停后，落在麝牛身上的雨水在寒风的猛吹下便会结成厚厚的冰甲，这时的北极麝牛就会被冰冻住，不能动弹，这就使麝牛会因此而被活活冻死。

麝牛毛皮极好，人类为获取皮毛、牛肉和牛角，曾大量猎杀麝牛，这导致它们几乎灭绝。后经保护，现种群数量已有所恢复。

**拓展思考**

1. 人们为了保护北极麝牛做过哪些努力？
2. 通过对北极麝牛的保护，了解人类对其他的活化石动物的保护，如熊猫。

地球上的南北两极

# 飞行冠军——北极燕鸥

*Fei Xing Guan Jun——Bei Ji Yan Ou*

能在北极生存下来的生物都值得尊敬，小巧玲珑的北极燕鸥同样令人肃然起敬。北极燕鸥是鸥科的一种海鸟。体长 33～39 厘米，翼展76～85 厘米。它的羽毛主要呈灰和白两色，喙和两脚呈红色，前额呈白色，头顶和颈背呈黑色，腮帮子呈白色。翅膀呈淡灰色，在接近翅膀尖端的位置则逐渐淡至无色。颈部呈纯白色，带灰色羽瓣的叉状尾部同样也是白色，其后面的耳覆羽呈黑色。最突出的特点是头顶有块"黑罩"，体重从 90 克～2 千克不等。

北极燕鸥与最接近的近亲相隔遥远，因为都是南极的物种，主要有南美燕鸥、克格伦燕鸥和及南极燕鸥。家族比较庞大，有 50 多种海鸥。其中，北极燕鸥会在北极地区筑巢，但是它们在繁殖后向南极海域迁移，往返于两极之间的北极海鸥，总是给人一种激情澎湃的感觉。北极燕鸥是一

※ 北极燕鸥

种长寿的鸟，寿命长达 25 年，一生当中可以飞 100 万千米以上。

## ◎生活习性

北极燕鸥分布于北极及附近地区，繁殖区为北极及欧洲、亚洲和北美洲这些近北极的地方。

北极燕鸥是候鸟，它们生于北极，春去秋来是往南迁移。它们每年从北极的繁殖区飞往南极，然后再飞返北极，仅仅这么一个迁徙旅程的来回就接近 4 万千米。当北半球是夏季的时候，北极燕鸥会在北极圈内繁衍后代。它们低低地掠过海浪，从海中捕捉小鱼和甲壳纲这类有硬壳的动物为食。当冬季来临时，沿岸的水结了冰，燕鸥便出发开始长途迁徙。它们向南飞行，越过赤道，绕地球半周，一直来到冰天雪地的南极洲，它们会在这儿享受南半球的夏季，直到南半球的冬季来临，它们才再次北飞，一直回到北极。这就使北极燕鸥每年能看见两个夏天，这也让北极燕鸥成为所有动物中每年见白昼最多的生物。

北极燕鸥体态轻盈，让它们看上去轻得好象会被一阵狂风吹走似的，然而它们却能进行令人难以置信的长距离飞行。北极燕鸥只会照料和保护小部分的幼鸟。成年燕鸥会长期养它们的幼鸟，并帮助它们飞往南方过冬。它们还有非常顽强的生命力。1970 年，有人捉到了一只腿上套环的燕鸥，发现那个环是 1936 年套上去的。也就是说，这只北极燕鸥至少已经活了 34 年，由此算来，它在一生当中至少要飞行 150 多万千米。

每年 3 月，在南极做客数月之久的北极燕鸥聚成小群，准备北上，进行不可思议、超长距离的旅行，途中要飞行 1.8 万千米左右，返回它们在北极的繁育场所。远征之前，它们要彻底脱去旧羽，换上崭新的羽毛。它们将从南极半岛出发，飞往南部非洲，越过高山，再调头向北穿过整个热带区域，沿着西非海岸飞往欧洲大陆，最后飞到北极安家落户。从南极的夏末出发，飞到北极恰好夏天的开始。北极燕鸥享受日照的时间之长，没有其他动物可以与之相比。在完成了地球上所有动物之中最长距离的迁徙之后，它们于 5 月初在北极安营扎寨，开始一个新的繁育周期。

北极燕鸥迁徙时通常都会离开海岸很远，因此，除了繁殖季节以外，它很少能在岸上，在南方为夏季时，北极燕鸥会换上冬季的羽毛，且南方的物种在飞行时翼尖并不会呈较深色。

北极燕鸥不仅有非凡的飞行能力，而且争强好斗，勇猛无比。虽然它们内部邻里之间经常争吵不休，大打出手，但一遇外敌入侵，则立刻抛却前嫌，一致对外。实际上，它们经常聚成成千上万只的大群，就是为了集

体防御。北极燕鸥聪明而勇敢，貂和狐狸非常喜欢偷吃北极燕鸥的蛋和幼子，但在如此强大的阵营面前，也得三思而后行之，就连最为强大的北极熊也怕它们三分。

## ◎食物

北极燕鸥的食物会随地区和时间而有所不同，但它们大多都是吃小鱼或水生的甲克类动物。鱼类是最主要的食物。它们吃鲱鱼、鳕鱼、玉筋鱼和胡瓜鱼，甲壳类有片脚类、螃蟹和磷虾。有时它们亦会吃软体动物、水生的虫或浆果，在北方繁殖区时，它们也会吃昆虫。

北极燕鸥会直接插进水中，捕捉很接近水面的猎物。北极燕鸥也会突然向其他鸟类发动进攻，抢夺食物。

但在筑巢时，北极燕鸥也很容易遭体型更大的银鸥偷食它们的蛋和小燕鸥。因为与其他的海鸟群聚

※ 北极燕鸥捕食

在一起，在喂食时，就常遭到其他的海鸟，如贼鸥、海鸥和其他燕鸥的偷袭被夺走食物。

## ◎繁殖

北极燕鸥的繁殖期为 6～7 月。在繁殖季节开始时，雄燕鸥挥动着轻快的翅膀在鸟巢的聚集地上空盘旋，向配偶展示着自己。每只尖叫着的雄性鸟的血红色的嘴里都衔有一条刚捕捉到的鱼，希望以此吸引到尚未进行交配的雌鸟的注意力。然而，雄燕鸥在吸引到雌燕鸥的注意前，是不会轻易丢掉得之不易的礼物的，一旦它把礼物贡献给钟情于它的雌鸟，它们在随后的大部分时间将一起生活在繁殖地，此时，雌燕鸥就常向雄燕鸥乞求食物，雄燕鸥对此做出反应的频率被雌燕鸥看作是它做父亲的能力的测量尺度。雌鸟会让雄鸟交出它捕获食物的一大部分给自己，它做出选择的判断依据，可能就是嘴里含着晃动的小鱼的雄鸟回到雌鸟身边的频率。

在求偶的最后时期里，雌鸟的大部分时间都花在夫妻俩自己的领地

里，产下一窝卵并守护着它们，此时雄鸟的捕鱼能力就要经受考验了。为了给它的配偶喂食，它不停地往返于捕食的场所和繁殖地之间。雄鸟在幼鸟刚刚孵化出来以后的那段时间里是很重要的，因为那时雌鸟要日夜不停地孵卵，所以雄鸟必须又一次为雌鸟提供食物。

雌鸟每次产三枚卵，在条件好的情况下，一对燕鸥夫妇可以使前两只蛋都能孵出幼鸟。

※ 空中争斗的北极燕鸥

北极燕鸥的雄雌两性个体均会负起孵蛋的工作。幼体会在 22～27 天后孵出，并会在 21～24 天后长出羽毛。若成体时常受到外界的其他打扰，孵卵的时间则可延长到 34 天之久。

在小燕鸥刚刚孵出时，它们身上都是绒毛。不论是晚熟性还是早熟性的幼燕鸥都会在孵出后一至三天开始四处走动和探险，了解它们四周的环境。一般来说，它们都不会迷路。幼鸟在孵出后的十天仍然能得到父母的庇护。幼燕鸥通常都会吃鱼，而它们的父母总是会捕捉一些较大的鱼给幼鸟，而后让那些幼鸟自己去进食。雄性的燕鸥每次可以带比雌鸟更多的食物。燕鸥父母大约会喂幼鸟一个月，不久，幼鸟会开始学习自行摄食，包括冲进水中捕鱼的高难度摄食方式，幼鸟会在父母的帮助下一同飞往南方越冬。

**知识窗**

刚孵化出的幼鸟能否存活，除去被其他动物袭击外，可以从以下两方面找原因：一是年幼的燕鸥从相对较大的卵内孵化出来，卵的大小能反映出在求偶时期雄鸟对雌鸟的饲喂情况；二是当这些幼鸟出生后，雄鸟保持一种持之以恒的状态提供鱼。通常，一只雄性北极燕鸥如果在其配偶的产卵期能够提供良好的食物，那么它在以后的日子里也会是一个出色的食物提供者。

## ◎ 美称

燕鸥是一种体态优美的鸟类，其长喙和双脚都是鲜红的颜色，就像是用红玉雕刻出来的。头顶是黑色的，像是戴着一顶呢绒的帽子。身体上面的羽毛是灰白色的，若从上面看下去，和大海的颜色融为一体。而身体下面的羽毛都是黑色的，海里的鱼若从下面望上去，很难发现它们的踪迹。再加上尖尖的翅膀，长长的尾翼，集中体现了大自然的巧妙雕琢和完美构思。可以说，北极燕鸥是北极的神物。

## ◎保护现状

北极燕鸥被一些国家视为受威胁及需要关注的物种。它们是列在"非洲——欧亚大陆迁徙水鸟保护协定"中的物种之一。在新英格兰，北极燕鸥曾于 19 世纪末被大量猎杀来制女帽，几乎灭绝。1950 年开始，格陵兰西部的北极燕鸥数量就一直在大幅度下跌，时至今天，一些猎杀行动仍在进行。在南部，北极燕鸥的数量亦不断下降，而其主要原因是食物短缺。

国际鸟盟认为，北极燕鸥的数量从 1988 年开始已渐趋稳定，相信现时全球约有 100 多万只北极燕鸥。

---

**｜拓展思考｜**

1. 北极燕鸥在从北极飞往南极并再从南极飞回北极的过程中为什么不会迷路？

2. 北极燕鸥为什么会与其他海鸟群居？

---

# 北极黄金行鸻

*Bei Ji Huang Jin Heng*

**在**北极，如果仅从飞行距离的长短而论，黄金鸻是当之无愧的亚军。黄金鸻主要分布在阿拉斯加西部和加拿大北极地区，秋天一到，它们先是飞到加拿大东南部的拉布拉多海岸，在那里经过短暂的休养和饱餐，等身体储存足够的脂肪之后便开始纵越大西洋，直飞南美洲的苏利南，中途不停歇，一口气飞行 4500 多千米，最后它们会来到阿根廷的潘帕斯草原过冬。而在阿拉斯加西部的黄金鸻则可一口气飞行 48 小时，行程 4000 多千米，直达夏威夷，然后再从那里飞行 3000 多千米，直到到达南太平洋的马克萨斯群岛甚至更南的地区。在这样长距离的飞行中，它们可以精确地选择出最短路线，毫不偏离地一直到达目的地，可见它们的导航系统是非常精密的，至于它们如何做到这一点，却仍然是一个谜。

与北极燕鸥一样，黄金鸻同样也是一种非常勇敢的鸟类，对于胆敢进入它们领地的狐狸甚至猎人，总是会给予坚决的反击，即使牺牲生命也在所不惜。因此，有些小鸟为了得到庇护会专门把自己的巢筑在黄金鸻的领地附近。此外，黄金鸻还是一种非常聪明的鸟类。有时候，当天敌袭来，为了保护幼鸟，黄金鸻会伸出一个翅膀，装成折断了的样子，以此来吸引敌人的注意，而天敌往往信以为真，拼命追赶，结果误入歧途，被引得远远的，黄金鸻因此保护了自己的领地。

黄金鸻之所以会有这个名字，是因为背部杂有金黄色斑点。这种鸟类体态较大，喜欢干燥，常结成小群在江河海滨觅食蠕虫、甲壳类、螺类及昆虫等食物。它们繁殖于阿拉斯加西海岸及西伯利亚东北部地区，冬天时向南迁移，主要迁至我国南部、印度东部、印度尼西亚、夏威夷群岛直到澳大利亚。它们可以用每小时大约 90 千米的速度，连续飞行 50 多个小时，体重却仅仅减轻 0.06 千克，可见其体能消耗极小，因而也保证了它们有如此惊人的耐久力。

黄金鸻喜欢在沼泽附近沙土的低凹处筑巢，它们的巢穴极其简陋，其中仅有少量地衣等杂草。黄金鸻每窝可以产卵 4 枚，卵的颜色从乳白至黄褐色，中间杂有斑点。有趣的是，雌雄鸟均参加孵卵，白天由雄鸟负责，而晚上则由雌鸟值班。如此轮流，直至 26 天后，小黄金鸻就能破壳而出。

此后，雌雄黄金鸻会双双照料幼鸟，直至幼鸟羽毛渐丰能开始独立生活。而此后，鸟们便聚集一堂，在天空中高高地飞翔，队伍呈"V"字型，开始了南迁的旅程。

保护等级：列入《世界自然保护联盟》（IUCN）国际鸟类红皮书，2009年名录 ver 3.1——低危（LC）。

▶ 知 识 窗 ━━━━━━━━━━━━━━━━━━━━━

　　鸻科，在高纬度繁殖的种为候鸟，其中有些种能迁徙到很远的地方。除繁殖季节，一般高度结群。以动物性食物为主，部分取食植物。日夜活动。中国有3属13种。常见的有灰斑鸻、金鸻、金眶鸻和蒙古沙鸻，多为冬候鸟或旅鸟。除南极外都有分布，是湿地的重要组成。该科鸟类通常活动于海滩、沼泽、湖泊、河流、水库、池塘等水域附近。迁徙时，喜结大群沿较大的河流、海岸线飞行。有时喜欢在一个混合的群体（麦鸡—鸻类—鸥类）中觅食，实际是在利用其他鸟发现食物或报警。以小型软体动物、昆虫及其幼虫为食。

━━━━━ 拓展思考 ━━━━━

1. 北极黄金鸻为什么南迁？
2. 你能说出北极黄金鸻与你知道的候鸟的异同点吗？

# 两极都有的动物—— 海豹

*Liang Ji Dou You De Dong Wu —— Hai Bao*

海豹是一种肉食性海洋动物，属于哺乳动物。体粗圆呈纺锤形，体重20~30千克。全身披短毛，背部蓝灰色，腹部乳黄色，带有蓝黑色斑点。头近圆形，眼大而圆，无外耳廓，吻短而宽，上唇触须长而粗硬，呈念珠状。前脚较后脚短，四肢均具5趾，趾间有蹼，形成鳍状肢，具锋利爪，后鳍肢大，向后延伸，尾短小而扁平，毛色随年龄变化，幼兽色深，成兽色浅。

它们的形状极具特色，身体呈流线型，四肢变为鳍状，适于游泳。海豹有一层厚的皮下脂肪保暖，并提供食物储备，产生浮力。耳朵变得极小或者说退化成只剩下两个洞，小小的耳朵在游泳时可自由开闭。它们游泳时大都靠后脚，但后脚不能向前弯曲，脚跟已退化与海狮及海狗等相异，不能行走，所以当它在陆地上活动时，后肢就成了被拖着的累赘，在陆地上将身体弯曲爬行，并在地面上留下一行扭曲的痕迹。

※ 在岩石上的海豹

## ◎分布和种类

海豹分布极广，全世界很多地方都可能看到，主要分布地是北极、南极周围附近及温带或热带海洋中。

全球海豹共有 18 种，北极地区有 7 种，南极地区有 4 种。北极海豹种类有：髯海豹、灰海豹、环斑海豹、鞍纹海豹、冠海豹、带纹海豹属等。虽然种类多，但在数量上，北极海豹不如南极。总量约 3 千 200 万头左右，主要栖息在南极海冰区、岛礁和大陆沿岸。南极的 4 种海豹分别是：威德尔海豹、豹海豹、罗斯海豹和食蟹海豹。其中最为常见，而且数量也最多的是锯齿海豹和威德尔海豹，其总数约为 3 千万头，占南极海豹总数的 90% 之多。

## ◎髯海豹

髯海豹又叫胡子海豹，因其吻部生长密而粗硬的胡须而得名。它的胡须最长可达 14 厘米，上唇每侧约有 106 根胡须。雄性体长 2.8 米，雌性体长 2.6 米，平均体重 400 千克。全身棕灰色或灰褐色、背部中央线颜色最深，向腹部渐浅，无斑纹。

※ 髯海豹

髯海豹主要以虾、蟹、软体动物以及鲬、鲽等底栖鱼类为食，但也捕食乌贼。

## ◎灰海豹

灰海豹雄性体长约 3 米，重约 300 千克，雌体约 2.3 米，重 250 千克。雄性成兽的颈部很粗，并有 3~4 道皱纹，这是它和斑海豹的区别之一。

灰海豹的食性很广，但主要食物是鱼类。

## ◎环斑海豹

本属有环斑海豹、贝加尔湖环斑海豹、里海环斑海豹。环斑海豹是所有海豹中身体最小的一种。大的雄兽长 1.4 米，体重 90 千克，面部像猫。

环斑海豹的食性相当广泛，从无脊柱动物到鱼类都可以，总数超过75种，其主要天敌有北极熊和极鲨。

## ◎带纹海豹

该种海豹也属海豹中的小型种。雄性为暗灰蓝紫色或暗灰红紫色，围绕颈部有一条很宽的环状白带。雌兽全身淡色，基本呈深灰褐色或深棕灰色。

带纹海豹喜栖于浮冰上或远离人烟的海岛上，不成大群，食物主要是狭鳕和头足类。

## ◎鞍纹海豹

鞍纹海豹又叫格陵兰海豹。体长1.8米左右，体重180千克。全身白色或棕灰色，从背部两肩处斜向尾部有"∧"型黑色带，形状颇似鞍，故名鞍纹海豹。

主要捕食鱼类、甲壳类和软体。

## ◎冠海豹属

冠海豹当遇到恐吓或兴奋时，鼻子吻部前面可以膨胀成囊状突起，所以人们又称其为囊鼻海豹。

主要食物为鱼。

## ◎威德尔海豹

威德尔海豹是南极最为常见的海豹之一，其数量仅次于锯齿海豹，特别是长城站附近栖息较多。雄性体长3～4米，体重400～500千克，雌性略大于雄性，背部呈黑色，其他部位呈浅灰色，体则有黑白斑纹。

威德尔海豹是海豹家族中的游泳冠军、潜水能手、凿洞专家。游泳时速可达30～40千米/小时，下潜深度可达600米（一般为200～300米）。其最大特点是凿冰洞。

威德尔海豹喜栖于与南极大陆相联的固定冰上。以捕食鱼类（杜父鱼）和乌贼为生。

## ◎食蟹海豹

食蟹海豹又名锯齿海豹，它是南极地区中分布最广、数量最多的一种海豹，也是世界海豹家族中数量最多的一种。锯齿海豹是因为其咀中长有成排尖细的牙齿，上下交错排列，很像一把锯齿，由此得名。锯齿海豹体长约 2.5～3 米，体重 200～300 千克，雌性的躯体略大于雄性，背部皮毛呈灰黄色，腹部呈浅灰色。

食性与鲸相似，主要以磷虾和鱼类为食物。

## ◎豹海豹

豹海豹是南极地区数量较少的一种海豹，豹海豹全身有花斑，外形貌似金钱豹。头大而扁、体态细长，约 3～4 米，体重约 300～400 千克，雄性体态较雌性小，游泳速度快，牙齿锋利，嗅觉灵敏，善于突击猎物，如企鹅或其他小海豹，有"海中强盗"之称，是海豹中最凶猛的一种。

※ 捕食企鹅的海豹

豹海豹的主要食物为鱼和头足类海洋生物，有时会吃企鹅，甚至是鲸，其他海豹也可能成为它口中食物。

## ◎罗斯海豹

南极地区海豹种类数量最少的是罗斯海豹，分布也不广，只有在东南极的浮冰区才能见到。其颈部很粗，收缩时颈部皮肤可以形成很大的皱褶，头能缩进去，几乎完全藏在颈褶中，它还能发出似鸟叫的声音，其毛皮大多为黑色，体长 15～2 米，体重 150～200 千克左右，雌性大于雄性。喜单独栖息。

主要食物为乌贼。

## ◎生活习性

海豹主要在海洋中生活，不过产仔、休息和换毛季节需到冰上或岩礁上，其余时间都在海中游泳、取食或嬉戏。海豹在繁殖期不集群，只有在仔兽出生后才组成家庭群，哺乳期过后，家庭群会解散。

海豹的游泳本领很强，速度可达每小时 27 千米，同时又善潜水，一般可潜 100 米左右，南极海域中的威德尔海豹潜水较深，能潜到 600 多米深，可以持续 43 分钟。在水中吃饱、嬉戏完后，数十头甚至数百头大小不一的海豹，便陆续来到岸上，相互拥挤在一起，聚集时它们采取集体防御策略，每一只海豹均密切注意着周围的动向，一旦发现任何蛛丝马迹，整群海豹便会一哄而散，纷纷潜入海中。

海豹社会实行的是"一夫多妻"制。雄海豹的体质状况在很大程度上决定雄海豹拥有妻室的数量，年轻体壮的雄海豹往往有较多的妻室。在发情期，雄海豹便开始追逐雌海豹，一只雌海豹后面往往会跟着数只雄海豹，但雌海豹只能从雄海豹中挑选一只。因此，雄海豹之间就会出现暴力竞争，它们用牙齿狠咬对方，撕破对方的毛皮，鲜血直流直至战斗结束，胜利者就可以和母海豹一起下水，在水中交配。

## ◎海豹的繁殖特点

※ 小海豹

海豹虽然在海中交配，但产仔、哺乳、育儿必须到陆上或冰上来。怀孕期满的海豹会爬到冰上，产下小海豹。因为此时小海豹体弱，活动力差，母海豹便要很仔细观察周围的情况。当它发现危险时，会先将小海豹迅速推到水中，自己随之也潜水而逃；有的聪明海豹，为保证可以随时逃命，它们常在其栖息的浮冰上打一个洞；有时也会遇上较紧急的情况，若来不及将小海豹推下水，母海豹就急中生智，突然将身体向空中一跃，用自身的重量将冰砸破，趁机一起逃走。但更多的情况是母海豹先逃走，然后在远处探出头来仔细观望，若发现一切平安无事，便迅速来到小海豹身边；若见小海豹被擒，常依依不舍地注视着小海豹的去向。这样做虽说不是一个母亲应有的行为，但为了种族的繁衍，也只能牺牲小海豹了。

## ◎价值

海豹的经济价值极高，其皮质坚韧，可以用来制作衣服、鞋、帽等来抵御严寒。正因为如此，海豹遭到了人类严重的捕杀。特别是美国、英国、挪威、加拿大等国每年都会派众多的装备精良的捕海豹船在海上对海豹进行大肆掠捕，许多海豹，特别是格陵兰海豹和冠海豹的数量因此减少得特别多。

目前欧盟国家已经关闭了海豹制品贸易，只有中国还未关闭海豹制品。

在美国和欧盟先后关闭海豹制品贸易后，加拿大将海豹制品贸易市场投向了中国。随着两国签订海豹产品进口的相关备忘，中国成为了加拿大海豹业一个全球重要市场。但这遭到了动物保护组织的"阻击"，很多志愿者向社会宣传加拿大海豹业的惨无人道，并呼吁停止向中国兜售血腥产品。商务部研究员称，国家出面将可能使中国在国际贸易中付出巨大代价，政府出面禁止进口行不通，抵制举动最好由民间自发达成。

▶ 知 识 窗 ┈┈┈┈┈┈┈┈┈┈┈┈┈┈┈┈┈┈┈┈┈┈┈┈┈┈┈

在中加两国签订贸易之前，中央人民广播电台中国之声《夜空守望者》栏目曾就是否接受加拿大海豹制品销售到中国展开了讨论，在网友的数千条评论中，99％以上表示拒绝海豹制品。

## ◎国际海豹日

由于滥捕乱猎和海水污染，现在，海豹的种群数量正在急剧下降。为了保护海豹这种珍稀动物，拯救海豹基金会在 1983 年决定每年的 3 月 1 日为国际海豹日。

┌─────────────────────────────────────┐
│ **拓展思考**
│ 1. 在两极生活的海豹种类，是否也生活在其他地域？
│ 2. 中国有什么种类的海豹？
│ 3. 在中国有什么海豹保护政策？
└─────────────────────────────────────┘

# 南极的主人—— 企鹅

*Nan Ji De Zhu Ren——Qi E*

企鹅是南极动物中最为人熟知的动物，它是一种不会飞行的鸟类，属于企鹅目，企鹅科。身上拥有羽毛，有尖而突出的坚硬的喙及有爪及鳞片的双脚。无翅膀，与其他动物相比可以直立行走。其趾间有蹼，翅膀也演化至桨状，擅长游泳。主要生活在南半球，目前所探知的全世界的企鹅共有十七种或十八种，不过只有皇帝企鹅及阿德利企鹅两种是完全生活在极地的企鹅。

## ◎帝企鹅

现存企鹅家族中个体最大的是皇帝企鹅，也可以称为帝企鹅。一般身高在 90 厘米以上，最高可达到 120 厘米，体重可达 50 千克。喙是赤橙色，脖子底下有一片橙黄色羽毛，向下逐渐变淡，耳朵后部最深，全身色泽协调。在南极冰川，可以看到成群的帝企鹅聚集在一

※ 帝企鹅

起，热闹非凡，而又秩序井然。黑白相间的身体颜色，使帝企鹅看起来像穿着黑白礼服的绅士。

▶ 知识窗

### ·帝企鹅的名字由来·

在亚南极岛屿，有一种企鹅以前被认为是最大的企鹅，英语名称是"King Penguin"，"King"意即国王，译成中文，名为王企鹅。后来，在南极大陆沿海又发现了一种大型企鹅，比王企鹅还高一头，于是给它取名为"Emperor Penguin"，"Emperor"意即皇帝，这就是"帝企鹅"得名的来历。

## ◎帝企鹅的生活习性

因为大海里的鱼虾和头足类动物丰富，所以帝企鹅一般不用担心食物问题，都能够"丰衣足食"，它们个个都长得很健壮。帝企鹅的游泳速度为 5.4～9.6 千米/小时，平均寿命 19.9 年。帝企鹅在南极冬季严寒的冰上繁殖后代，雌企鹅每次产 1 枚卵，由雄企鹅孵卵。不过，帝企鹅现存数量不多，目前为止也仅有十万只。

帝企鹅实行一夫一妻制度的，每年只有一个伴侣。但是实行期只有一年，一年之后大部分帝企鹅都会重新选择伴侣（有数据显示该比率为78%）。不过，从帝企鹅的求偶行为来看，说它的家庭生活是"一夫一妻"制，似乎更容易被人们接受。帝企鹅有非常特殊的求偶方式，求偶时雄企鹅摇摇摆摆地步行并发出叫声，以此吸引雌企鹅的注意。

## ◎帝企鹅的生长繁殖

在南极的夏季，帝企鹅主要生活在海上，这个时期它们不仅要养壮身体，还要保证食物供应充足，养精蓄锐，以迎接冬天的繁殖季节到来。

4 月份开始，南极进入初冬，帝企鹅会爬上岸来寻找繁殖地。

到达繁殖地一个多月后，雌帝企鹅会产下一枚淡绿色、重约 500 克的蛋，然后将蛋交给雄帝企鹅，此后雌企鹅就会返回大海，寻找食物，补充因生育而消耗的体力并且在返回繁殖地时为出生的小企鹅喂食。

雄帝企鹅用嘴将蛋拨到足背上，然后放低它们温暖的腹部，把蛋盖住。从此，雄企鹅便会保持弯着脖子，低着头的姿势，不吃不喝地站立60 多天，靠消耗自身脂肪维持体能承担起孵蛋的重任。在雄企鹅孵蛋时，为了避寒和挡风，就会常常有多只雄企鹅并排而站，背朝来风面形成一堵抵挡风的墙。

7 月中旬到 8 月初的这段时间里，小帝企鹅们将会陆续地孵化出来。坚持到这时，雄帝企鹅才能稍微活动一下身子。初生企鹅是在雄企鹅的脚背上和身边渡过幼儿阶段的，雄企鹅的职责既是父亲又是保育员，初生的企鹅样子不怎么好看，这时

※ 帝企鹅与小企鹅

候的小企鹅浑身毛绒绒的，灰黄色，瞪着一对带内圈的小眼睛，走起路来，东歪西斜，但雄企鹅对它仍然十分疼爱。小企鹅出生后，有时会饿得喳喳直叫，然而雌帝企鹅还要在 7～8 个星期后才能回来，这时雄企鹅便会抻几下脖子，试图从自己的嗉囊里吐

※ 帝企鹅幼儿园

出一点白色分泌物来，填充一下小企鹅的肚子，只是这些分泌物并没有营养。

当雌帝企鹅返回时，面对着数以万计的企鹅，雌企鹅也不担心，它可以通过叫声来准确辨认自己的丈夫和孩子，然后它们将装在嗉囊里的食物带给小企鹅。这时，雄帝企鹅就可以返回海里去捕食和补养身体了，但是雄企鹅在孵化期间是不吃东西的，一旦雌企鹅归来，生存的本能会促使雄企鹅丢小企鹅或未孵化的幼崽，冲向大海下。

小企鹅出生 3 个月左右的时间，南极的夏季就会来临了，它们可以跟随父母下海觅食、游泳。当南极的盛夏来临时，它们已长出丰满的羽毛，体力也充沛了许多，于是它们有了脱离父母的能力，开始过自食其力的独立生活。

## ◎气候与天敌

雄企鹅孵蛋的孵化率很难达到 100％ 的，最高能达 80％，最低时不到 10％，甚至是"全军覆没"也有可能。这主要是由于恶劣的南极气候和可能会出现企鹅的天敌所致。

风和雪是造成灾害的两个气候因素。企鹅孵蛋时若遇上每秒 50～60 米的强大风暴，就会难以抵挡，即使筑起挡风的墙也无济于事。强大风暴能刮走帐篷，卷走飞机，使建筑物搬家，把一二百千克重的物体抛到空中，可以想象，面对这样的风暴，小小的企鹅能如何呢！遇到这种天灾，只能落得鹅蛋翻破的结果，无一幸者逃生。特别是雪暴，即风暴掀起的强大雪流，怒吼着、咆哮着、奔腾着，横冲直撞地袭击着一切，也摧毁着一切，孵蛋的企鹅不是被卷走就是被雪埋，幸存者屈指可数。

企鹅的天敌有两个，一是贼鸥，二是豹形海豹。虽然企鹅选择在南极的冬季进行繁殖，主要就是为了避开天敌的侵袭，但是，这并不是完美的解决方法，冬季偶尔也会有天敌出没，万一孵蛋的企鹅碰上这些凶禽、猛兽，也只有面对凶多吉少的结果，不是企鹅蛋被吞，就是蛋碎，这种悲惨时有发生。

## ◎阿德利企鹅

阿德利企鹅在企鹅家族中属中、小型种类，体长 72～76 厘米。体重4.5 千克，眼圈是白色，头部呈蓝绿色，嘴为黑色，嘴角有细长羽毛，腿短，爪黑。阿德利企鹅羽毛由黑、白两色组成，它们的头部、背部、尾部、翼背面、下颌也同样为黑色，其余部分均为白色。

## ◎阿德利企鹅的生活习性

各种鱼类、软体动物和甲壳动物等是阿德利企鹅的主食。它们用小卵石建巢于地面，全年均可繁殖，每窝产 2 枚卵。它们还是南极分布

※ 阿德利企鹅

最广、数量最多的企鹅，主要分布于南极大陆、南极半岛以及南设得兰群岛、南乔治亚岛等若干座岛屿，在海洋中越冬。冬天时它们常成群结队出现在浮冰或冰山上，春天一到就会返回其陆地栖息处。

## ◎阿德利企鹅的繁殖

阿德利企鹅通常每年的繁殖期都是同一个配偶，是标准的一夫一妻制，企鹅夫妇彼此能记得对方的叫声，可以靠着叫声来找到对方。阿德利企鹅繁殖季节在夏季，通常雄企鹅会先抵达并以鹅卵石修复自己的巢供孵卵时站立。阿德利企鹅喜欢群居，一块营巢地可能有多达 10 万只企鹅聚集，若石子不能满足阿德利企鹅筑巢需求，雄企鹅常偷取其他企鹅筑巢石子，送到雌企鹅脚下。

雌企鹅比雄企鹅晚数日抵达，在交配后产下两个蛋，并立即交由雄企鹅孵蛋 4 周；此时雄企鹅已失去一半体重。孵蛋期为两个多月，虽然是两

※ 一对阿德利企鹅

枚蛋，通常只有一只小企鹅成活，小企鹅 2 个月大即可下水游泳。越多企鹅聚在一起愈能互相提防海燕及贼鸥偷袭自己的蛋及小企鹅。在喂食时小企鹅常会追逐自己的父母亲跑，若轻易放弃的追逐者可能会得不到食物。

## ◎企鹅身体结构

企鹅是一种最古老的游禽，它很可能是在南极洲还未穿上冰甲之前，就已经在南极安家落户。南极虽然酷寒难当，但企鹅已经经过了数千万年暴风雪的磨炼，对南极的自然环境有了相应的对策，全身的羽毛已变成重叠、密接的鳞片状，并且皮下脂肪厚达 2～3 厘米，这种特殊的羽衣，不但海水难以浸透，就是气温在零下近百摄氏度，也休想攻破它保温的防线，这样保证了企鹅仍然能够自在地生活在南极陆地。

虽然企鹅双脚基本上与其他飞行鸟类差不多，但它们的骨骼坚硬，并比较短及平，这让它们成为特殊的鸟类。这种特征配合有如只桨的短翼，使企鹅可以在水底"飞行"。企鹅双眼上的盐腺可以排泄多余的盐分，而且由于企鹅双眼由于有平坦的眼角膜，所以可在水底及水面看东西。

---

**拓展思考**

1. 企鹅是怎样到达南极大陆的？
2. 南极的企鹅和其他区域的企鹅有何不同？

# 两

极环境与污染

LIANGJIHUANJINGYUWURAN

第五章

被称为最后两块"处女地"的南极和北极，其无比壮美的独特世界，吸引了无数的人前去冒险。在人们的赞美声和惊叹下，离我们遥远又息息相关的两极，却在发生着变化。全球变暖，冰山融化，臭氧空洞，人类生活污染等一系列的环境问题，在威胁着两极敏感脆弱的生态环境，保护两极环境已成了迫在眉睫的行动。

# 南极臭氧空洞

## Nan Ji Chou Yang Kong Dong

臭氧的形成中，紫外线起重要作用。阳光中的紫外线会作用于氧分子，而氧分子分解成氧原子，然后氧原子和氧分子结合就会形成臭氧。从地面到 70 千米的高空的大气中都会有臭氧的分布，不过它在大气中的分布并不均匀，其中中纬度 24 千米的高空中的臭氧浓度最大，然后向极地缓慢降低，最小浓度是在极地 17 千米的高空。臭氧大部分存在于平流层 10～50 千米高度，其最大密度在 20 千米高度左右。臭氧的总含量很少，还不到地球大气分子数的 100 万分之一，如果把大气中的臭氧集中在海平面的高度，它只有大约 3 毫米的厚度。太阳光中含有的紫外线，是公认为皮癌和白内障的元凶，对人类健康有很大威胁。而臭氧层是大气平流层中臭氧浓度最大处，对地球形成了一个保护层，太阳紫外线辐射大部被其吸收。由于臭氧能吸收太阳光中的紫外线，因此保护地球上生物免受灭顶之灾。

臭氧层空洞是指大气平流层中臭氧浓度大量减少的空域。其实，在 20 世纪 50 年代末到 70 年代已发现臭氧浓度有减少的趋势。1985 年，英国南极考察队在南纬 60°地区观测发现臭氧层空洞，引起世界各国极大的关注。臭氧层空洞的出现会带来严重后果，因为如果臭氧层的臭氧浓度减少，会使得太阳对地球表面的紫外辐射量增加，继而对生态环境产生破坏作用，同时也影响人类和其他生物有机体的正常生存。

▶知识窗

生物受到紫外线损伤后，是有一定的修复能力的。美国科学家发现，温带地区的生物具有修复损伤的机制，似乎是在细胞水平和分子水平上进行修复。修复的主要方式有三种：一是光复活。生物在较长波段的紫外线中，能通过酶把损伤转化为脱氧核糖核酸分子。二是切除修复。这是在黑暗中发生的一个过程，酶能将损伤的部分切除，只留下某种痕迹，这一点像人和动物动过手术一样。三是复制修复。脱氧核糖核酸在进行复制时，把受损的细胞沟通了，使它修复起来。

## ◎南极臭氧空洞的形成

臭氧层空洞的形成原因并不统一，在世界上占主导地位的是人类活动化学假说：由于人类大量使用的氯氟烷烃化学物质（如制冷剂、发泡剂、清洗剂等）在大气对流层中不易分解，但是一旦进入平流层后受到强烈紫外线照射，会分解产生氯游离基，游离基同臭氧发生化学反应，使臭氧浓度减少，从而造成了臭氧层的严重破坏。

美国宇航局牵头组织了数十名科学家于 1986 年和 1987 年的 9～11 月，两次赴南极进行臭氧探险，并在第二次考察时找到了其形成原理。

他们指出，南极臭氧空洞的产生是因为人类大量使用作为制冷剂和雾化剂的氟利昂造成的。人类所排放的氟利昂主要在北半球，其中欧洲、俄罗斯、日本和北美洲的排放量占绝大多数，约占总排放量的 90%。这种不溶于水和不活泼的氟利昂，开始的 1～2 年内在整个大气层下部并与大气混合，而含有氟利昂的大气从底部向上升腾，一直到达赤道附近的平流层，然后分别流向两极，这样经过整个平流层的空气几乎都含有相同浓度的氟利昂，但是由于地球表面的巨大差异，两极地区的气象状况是完全不同的。南极是一个非常广阔的陆地板块（南极洲），周围又完全被海洋所包围，这种自然条件下产生了非常低的平流层温度。在南极黑暗酷冷的冬季（6～9 月），下沉的空气在南极洲的山地受阻，停止环流而就地旋转，吸入周围的冷空气，形成"极地风暴旋涡"。这股"旋涡"可以上升到 20 千米高空的臭氧层，因为温度非常低，易生成冰晶云，这种云加剧了氯的催化作用，使大量的臭氧被分解。同时因为南极的大气环流系统很封闭，使得被分解的臭氧得不到补充。所以，大气中的化学反应和大气运动相辅相成，紧密相关，在这两种因素的共同作用下南极上空形成臭氧空洞。

针对这种情况，国际上于 1987 年在世界范围内签订了关于限量生产和使用氯氟烷烃等物质的《蒙特利尔协定》。另外，关于臭氧层空洞的成因还有太阳活动说等说法，认为南极臭氧层空洞是一种自然现象。关于臭氧层空洞的成因，尚有待进一步研究。

## ◎重要数据

南极臭氧空洞是指大气中的臭氧含量减小到一定程度时，对地球生灵达到一定的危害。在每年的 8 月下旬至 9 月下旬，在 20 千米高度的南极大陆上空，臭氧总量开始减少，10 月初出现最大空洞，面积达 2000 多万平方千米，覆盖整个南极大陆及南美的南端，11 月份臭氧才重新增加，空洞消失。

20 世纪 70 年代，英国科学家通过观测首先发现，在地球南极上空的大气层中，臭氧的含量开始逐渐减少，尤其在每年的 9—10 月（这时相当于南半球的春季）减少更为明显。美国的"云雨7号"卫星对这一情况进行了进一步探测，有了更多的发现，臭氧减少的区域呈椭圆形，主要位于南极上空，在 1985 年的时候面积已经很大，差不多已和美国整个国土面积相似。这一切就像天空塌陷了一块似的，科学家把这个现象称为南极臭氧洞。南极臭氧洞的发现使人们深感不安，它的出现表明包围在地球外的臭氧层已经处于危机之中。于是科学家在南极设立了研究中心，对臭氧层的破坏情况进行更多的研究。1989 年，科学家又赴北极进行考察研究，结果发现北极上空的臭氧层也已遭到严重破坏，但程度比南极要轻一些。

臭氧层空洞的出现在很大程度上表明大气圈的臭氧处于入不敷出，浓度降低的状态。科学家在 1985 年首次发现：1984 年 9～10 月间，南极上空的臭氧层中，臭氧的浓度较 20 世纪 70 年代中期降低 40%，在这个时候已不能充分阻挡过量的紫外线，此时已经造成这个保护生命的特殊圈层出现"空洞"，威胁着南极海洋中浮游植物的生存。据世界气象组织的报告：1994 年发现北极地区上空平流层中的臭氧含量也有减少，在某些月份比 20 世纪 60 年代减少了 25～30%。不止如此，关于臭氧层空洞的状况很不乐观，因为南极上空臭氧层的空洞还在继续扩大，1998 年 9 月创下了面积最大达到 2500 万平方千米的历史记录。

2008 年形成的南极臭氧空洞的面积到 9 月第二个星期就已达 2700 万平方千米，而 2007 年的臭氧空洞面积只有 2500 万平方千米。2000 年，南极上空的臭氧空洞面积达创记录的 2800 万平方千米，相当于 4 个澳大利亚。

## ◎对气候的影响

臭氧是引起气候变化的主要因子，同时又是重要的氧化剂，在大气光化学过程中起着重要作用。太阳光中的大部分的紫外线都被臭氧吸收了，并且臭氧会进一步将其转换为热能从而起到给大气加热的作用，同时它还能吸收 9～10 微米的热红外线，使大气层加热。

正是由于臭氧具有的这一特性，使地球上空 15～50 千米的大气层中存在着升温层（逆温层），因此，臭氧对平流层的温度结构和大气运动起决定性的作用，而大气的温度结构对于大气的循环具有重要的影响，如此说来臭氧浓度的变化不仅影响到了平流层大气的温度和运动，同时还会对全球的热平衡和全球的气候变化产生重要影响。除此之外，在对流层中，因对红外线的吸收作用，臭氧又被称为温室气体之一。但是，与其他温室气体相比，臭氧是自然界中受自然因子（太阳辐射中紫外线对高层气氧分子进光化作用而生成）影响而产生，并不是因为人类活动排放产生的。臭氧除了能够对气候变化产生影响，从而影响环境和生态外，还对人类健康产生强烈的直接影响。

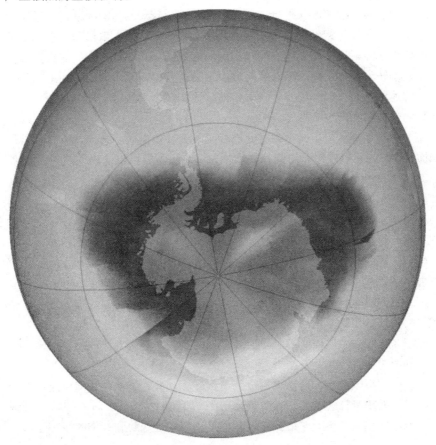

※ 南极臭氧空洞

## ◎危害

　　臭氧空洞的危害很大，透过臭氧洞的强烈紫外线对人和生物有杀伤作用。在医院和实验室里，人们常用紫外线光消毒，杀死细菌和病毒，就是运用了这个道理。在阳光下曝晒，人的皮肤会变黑，也是这个道理。不过，在通常情况下，来自阳光的紫外线是比较弱的，不足以对人起伤害作用。这是因为在自然界里，太阳光的紫外线不容易直接到达地面，地球的大气圈中那一层一层臭氧层，有效地阻止了太阳光的紫外线到达地球，保护着地球上的生物。不过一旦臭氧量减少，大气圈中的臭氧层变稀薄，甚至出现空洞，阻挡紫外线的障碍就消除了，紫外线就会肆无忌惮地穿过大气层，射到地球上。其实，并不是所有射到地球上的紫外线都对生物有杀伤作用。紫外线按波长可分为三个部分，波长较短的那两部分，对生物的杀伤力是最强。紫外辐射增强使患呼吸系统传染病的人数增加；受到过多的紫外线照射还会增加皮肤癌和白内障的发病率。此外，强烈的紫外辐射促使皮肤老化。强烈的紫外线对地面生物的危害，还表现在破坏生物细胞内的遗传物质，如染色体、脱氧核糖核酸和核糖核酸等，严重时会导致生物的遗传病和产生突变体。

十多年来，很多科学家对此进行了研究，数据表明：大气中的臭氧每减少1%。照射到地面的紫外线就增加2%，人类患皮肤癌的机率就增加3%，同时还受到白内障、免疫系统缺陷和发育停滞等疾病的袭击。现在居住在距南极洲较近的智利南端海伦娜岬角的居民，已尝到苦头，只要走出家门，就要在衣服遮不住的肤面涂上防晒油，戴上太阳眼镜，否则半小时后，皮肤就晒成鲜艳的粉红色，并伴有痒痛；羊群则多患白内障，几乎全盲。据说那里的兔子眼睛全瞎，猎人可以轻易地拎起兔子耳朵带回家去，河里捕到的鱼也都是盲鱼。

研究发现，南极洲上空的臭氧空洞对海洋生物也产生了很大影响。强烈的紫外线可以穿透海洋10～30米，使海洋中浮游植物的初级生产力降低了3/4左右，这样就抑制了浮游动物的生长，对南大洋的生态系将产生不利影响。

如此可以推断，若臭氧层全部遭到破坏，所有陆地生命都可能被无所顾忌的太阳紫外线杀死，人类也会遭到"灭顶之灾"，那时的地球将会成为无任何生命的不毛之地。可见，臭氧层空洞已威胁到人类的生存了。

## ◎保护大自然

因为臭氧层空洞的出现对地球生灵的危害过大，所产生的后果十分严重，因此，世界各国都在致力于减少乃至制止氟利昂的生产，许多国家的政府和国际环保组织也要求有关生产空调和冰箱的厂家减少和停止使用氟利昂作为制冷剂，转而推广使用绿色环保无氟产品，同时号召人们购买无氟产品，让每个人在生活中为保护臭氧层奉献自己的一份环保力量。

1987年，主要工业国签署了《蒙特利尔公约》，这份公约中提出了逐步停止使用危害臭氧层的化学物质的要求。目前为止，已有更健康的第三代制冷剂出现了，这就是氨。氨是自然存在的物质，由氢和氮元素组成，对环境产生的影响微乎其微。

1995 年 1 月 23 日，联合国大会通过决议，确定从 1995 年开始，每年的 9 月 16 日为"国际保护臭氧层日"。联合国大会确立"国际保护臭氧层日"的目的是纪念 1987 年 9 月 16 日签署的《关于消耗臭氧层物质的蒙特利尔议定书》，要求所有缔约的国家根据"议定书"及其修正案的目标，采取具体行动纪念这一特殊日子。联合国环境规划署自 1976 年起陆续召开了各种国际会议，通过了一系列保护臭氧层的决议。尤其在 1985 年发现了在南极周围臭氧层明显变薄，即"南极臭氧洞"问题之后，国际上关于保护臭氧层以及保护人类子孙后代的呼声更加高涨，对保护臭氧层产生了积极影响。

▶ 知 识 窗

　　1977 年 4 月，联合国环境规划署理事会在美国华盛顿哥伦比亚特区召开了有 32 个国家参加的"评价整个臭氧层"国际会议。会议通过了第一个"关于臭氧层行动的世界计划"。这个计划包括监测臭氧和太阳辐射、评价臭氧耗损对人类健康影响、对生态系统和气候影响等，并要求联合国环境规划署建立一个臭氧层问题协调委员会。

　　1980 年，协调委员会提出了臭氧耗损严重威胁着人类和地球的生态系统这一评价结论。

　　1981 年，联合国环境规划署理事会建立了一个工作小组，起草保护臭氧层的全球性公约。

　　经过 4 年的艰苦工作，1985 年 4 月，在奥地利首都维也纳通过了有关保护臭氧层的国际公约——《保护臭氧层维也纳公约》。该公约从 1988 年 9 月生效。

▌ 拓展思考 ▌

1. 我国的青藏高原是否也出现了臭氧洞？
2. 南极有什么生物可以自动修复紫外线造成的损伤？
3. 面对紫外线的辐射人类要做什么防护？

# 全球变暖对极地的影响

Quan Qiu Bian Nuan Dui Ji Di De Ying Xiang

温室效应是不得忽视的重要的全球性问题，因为温室效应是引起全球变暖的主要原因。由于现代化工业社会过多燃烧煤炭、石油和天然气，大量排放尾气，这些燃料燃烧后放出大量的二氧化碳气体进入大气将会造成温室效应。因为二氧化碳气体具有吸热和隔热的功能，它在大气中增多的结果无疑是在地球上空形成了一种无形的玻璃罩，使太阳辐射到地球上的热量无法向外层空间发散，其结果是造成地球表面变得热起来。

全球变暖是指近几十年来气候的变化，而不是单个季节的变化。如果单纯地认为全球变暖是夏季变得比以往更热是错误的。全球变暖包括一系列的气候变化，气候变化影响全球的水文和生物状况，或者说它影响着一切，包括风、雨和温度，因为这些因素之间都是相互联系的。科学家观测到的数据表明，长久以来地球的气候一直在不停变化，从寒冷的冰河世纪到热的像烤箱一样的时期。有些变化时间很短只是几十年间的事情，但有些变化却需要横跨几千年，而在最近一百年里，全球平均气温大约增长了0.8摄氏度。科学家使用电脑模型对将来的气候形势作出预测，与现在的气候状况相比，到21世纪末，全球的平均气温将会增长1.1~6.4摄氏度，而全球变暖极有可能对被冰雪覆盖的极地产生严重的影响，甚至是威胁。

## ◎冰川融化　海平面上升

全球变暖对两极产生的首要影响是冰雪融化，致使海平面上升。科学家曾经通过观察、测量气象变化来研究相关气候，比起150年前，现在的冰川已经消融了不少。冰川和北冰洋及南极洲上的冰块溶解使海洋水份增加。预期从1900年至2100年，地球的平均海平面上升幅度介乎0.09米至0.88米之间。

根据美国科罗拉多州国家冰雪数据中心资料显示，自1979年起，北极冰层正以每十年缩减10%的速度减少，此数据等同于每年有约7.3万平方千米的冰层在北冰洋消失。据日本"海洋—地球科学和科技部门"的研究人员的报告，除了强劲的北极风将这些冰从北极地区吹走所致寒冰量

※ 冰雪融化

减少，全球变暖是造成北极地区含冰量逐渐减少的原因之一。全球变暖，使北冰洋的大量雪冰融化，可以让风将这些浮冰轻易地吹到低纬度海洋，完全融化。根据这一研究结果推测，在数十年后，北冰洋将成为无冰海洋。据报道，目前，北极地区冰层融化已经突破了"引爆点"，这将使得未来几年内北极地区冰层消失速度逐渐加快。

北冰洋冰层融化，海平面持续上升，将对沿海城市和岛屿国家构成一个巨大的威胁。世界银行的一份报告显示，即使海平面只小幅上升 1 米，也足以导致 5600 万发展中国家人民沦为难民。据卫星图像和海防巡逻队员证实，孟加拉湾小岛新穆尔岛（孟方称南达尔帕蒂岛）就是因海平面上升被海水淹没而消失的。

## ◎冰山融化对极地动物的威胁

全球变暖，北极浮冰融化，对生活在浮冰上北极熊的栖息地造成破坏，这给北极熊的生活带来了严重的灾难。由上一章的北极熊内容我们可以知道，北极熊擅长游泳。但是浮冰的融化增加了北极熊寻找食物的距离，过长的路程中浮冰数量减少，甚至有些地方已经消失，这造成很多北

※ 在海中挣扎的北极熊

极熊在寻找食物的过程中找不到浮冰栖息，而过长时间的游泳，会使其筋疲力尽，最终溺死在海水里。

不仅是北极熊，受全球变暖的影响，极地的生态遭到破坏，使越来越多的栖息在极地的都受到了影响。

## ◎极地冰雪融化　远古病毒复活

全球变暖，极地冰川的融化，带来的后果不仅是海平面的上升，还给人类带来了封存在冰山中的远古病毒。在北极的格陵兰岛上，研究冰层物质的科学家们曾从冰川之中钻取出了一根冰芯。在对其进行

※ 被困在海洋孤冰上的北极熊

研究的过程中，一种不明微生物突然出现在显微镜下。研究人员在这冰芯里面发现了已经在冰层中存活了将近 14 万年的病毒毒株；在北极圈附近的冰湖内也发现了 A 型流感病毒。而这些病毒都在冰层中储存，随着极地冰川的融化，它们极有可能会解除冰冻状态从而复活，然后还可能随着海洋洋流或者季风飘向各个大洋，肆虐海洋生物，继而是海鸟和人类。一旦病毒爆发，它将给人类带来什么样的灾难是不可预测的。

▶ 知 识 窗

　　科学家曾用过这样一段遐想故事描述病毒传播的灾难：在北极圈内的冰湖里徘徊的一只北极鸥不会想到，去年冬天融化的冰山流水中，蕴藏了被冰冻了数万年的神秘病毒，威胁正在向它逼近。随着夏季湖泊中的一条小鱼，这些病毒成功进入了这只鸟的体内，然后迅速扩张繁殖。7 月末，这只病鸟随着同类开始向南飞行，在穿越欧洲西海岸时体力不支坠地而亡。

　　数月过后，一种能让人在一周内窒息而亡的怪病开始在欧盟国家传播，以迅雷不及掩耳之势通过欧洲铁路和航空器向四面扩散。各种预防隔离措施无法阻止空气的流动，在一年内，全球患病人口急剧增加，各国经济受到严重影响……

| 拓展思考 |

1. 面对全球变暖，人类要做些什么？
2. 怎样对极地动物的栖息地进行保护？
3. 我国青藏高原的冰川是否也存在病毒？对中国会有什么影响？

# 极地污染

*Ji Di Wu Ran*

**两**极在我们的印象中是纯白的冰雪天地，那么它会是地球最为洁净的地方吗？其实不然，很早就有人类活动的北极早就出现了污染问题，而被称为世界上最后一片净土的南极，也随着人类的活动出现了不同程度的污染问题。

※ 北极苔原上的废弃油桶

## ◎北极化学污染

北极地区的化学污染日益严重，这是令人担忧的一件事。北极的化学污染主要是一些工业化学混合物，但是正因为这些有毒的化学混合物令北极动物安全境况遭到了极大地破坏和威胁。其中北极熊因化学污染境况最令人担忧。加拿大、美国阿拉斯加、丹麦和挪威的一组科学家发出警告称，他们发现一种叫做"多溴联苯"的阻燃剂已经开始出现在北极熊的脂肪组织中，尤其是那些生活在东格陵兰岛和挪威萨瓦尔伯特群岛的北极熊。而这些多溴联苯相似的化合物导致了严重后果，这一地区出现了雌雄同体的北极熊。在萨瓦尔伯特群岛雌雄同体的北极熊比例惊人，大约每

※ 在垃圾中生活的北极熊

50 只母熊中就有 1 只长着两种性器官。

这些化学物质是怎样到达北极的呢？加拿大渥太华大学的朱尔斯·布莱斯与其同事研究发现，在北极臭鸥经常出没的北极湖内比邻近的无鸟湖蓄集了 10～60 倍的污染物。这些污

※ 在垃圾中找食物的海鸟

染物包括持续性有毒化学物质，如汞、DDT 与六氯苯（HCB）等，这些物质曾经是杀虫剂与杀真菌剂的普通组成成分。他们经研究发现，是由于海鸟（如臭鸥）把它们所吃的含有污染的食物鱿鱼、鱼与动物尸体腐肉的化学毒素在身体里聚集起来，通过排泄粪便的方式，将有毒化学物排放到其在北极栖息的湖中，造成北极湖水污染，然后通过食物链将这些毒素传递给其他的北极动物。但是与其他北极动物相比，这些海鸟似乎是不会受到污染物的危害。

北极的化学污染还有其他的传播途径，不仅是通过海鸟的传播，还会随着季风和洋流进入北冰洋，附到海冰上，并逐渐外释，毒性不会立即消

散，而是可以持续几年。也有科学家研究表明，进入大海的有毒化学物将会沉入到海底，使北冰洋里的海洋生物也受到有毒化学物的污染，例如在加拿大圣劳伦斯河口发现的白鲸尸体，由于其体内含有大量化学物质，而不得不被当作有毒的危险品处置。

研究表明，北极当地人食用这些含有高度污染的动物将会导致免疫机能失常、神经系统受到损害，并且智商也会降低。

## ◎北极大气污染

不仅是北极的水质，北极的大气也含有污染物，在400多米高的日普林山山顶上的挪威大气观测站里，记录着从1989年到2002年大气中二氧化碳变化情况的图表。在这14年的时间里，北极大气中二氧化碳增加了5％。具体监测结果表明，这里大气中的污染物质大多是来自欧洲大陆和俄罗斯。

北极"霞烟"是北极大气污染中最为人所知的一种。北极霞烟是因在北极的严寒冬季，含微粒云团在空中悬浮而久降不下，并与中纬度地区的大气中飘移过来的二氧化碳、二氧化硫、氟利昂、烟尘和农药等污染物结合而形成的。北极烟霞在20世纪50年代已经开始出现，主要原因是欧洲工业国家和苏联工业排放的结果。

※ 大气污染

## ◎南极污染

自八十年代以来，科学家在南极的沉积湖泥和企鹅有机体中检测出 DDT、多氯联苯等有毒有害物质。南极的污染主要是各国在南极考察活动造成的污染，主要污染是随着南极科学考察站分布的。

## ◎生活垃圾污染

在对南极进行科学考察时不可避免的会产生大量的生活垃圾。在对这些生活垃圾处理的过程中，如果技术不当就很容易造成污染。比如在焚烧炉中焚烧垃圾时就会造成大气污染。考察的食物、饮料、和仪器设备的软包装全部是含有聚乙烯、聚丙烯、聚苯乙烯、芳香族聚酯、聚氯乙烯等难降解的材料，燃烧时就会产生了热污染，而着色剂中的 Cd、Pb、Zn 等形成重金属污染，燃烧过程中产生的 $HC_1$、HF、$SO_2$ 在对大气造成二次污

※ 南极考察活动

染。在大气降水过程中，这些污染物又从大气进入地表水和地下水系统，使水质下降，危害极地海洋生物和海鸟的安全，同时危及苔藓和地衣类植物的生存，这样就形成了污染链。

## ◎化学混合物污染

在南极，建造科学考察站的建筑材料也值得担心，因为这也能产生化学污染。经过海风的腐蚀，科考站给建筑物所涂的色彩鲜艳的油漆差不多两年便脱落了，而在油漆脱落与重新刷漆的过程中就会不可避免地产生化学污染物。

※ 考察船失事

而且随着科考船、汽车的活动和南极旅游的发展，这些以石油为燃料的交通工具就很可能发生漏油的事情，尤其是船只的失事，都将有可能给南极造成极大的石油污染。

> **知识窗**
>
> 在开阔的海域海洋石油污染，可以通过海流的扩散、生物的分解慢慢消失。而在沿岸区，特别是有冰架和海冰屏障的海湾，石油污染不容易扩散，也难以被生物降解，致使近岸处污染程度加重。但是在南极海域由于环境和生物条件的限制，那片区域石油的分解速度都是很慢的，被污染的环境开阔海域一般需要一两年，近岸区则需要十年以上才能恢复和净化。因此，防止人类活动对南极的石油污染，至关重要。

## ◎污染对南极生物的影响

南极的生态遭到破坏，会引起连锁反应，南极的许多生物也会受到污染。在企鹅、海豹、磷虾和鱼类等海洋生物体内，已经检测出多种污染剂。有农药，如"六六六"和"滴滴涕"等；有重金属，如汞、铅、铜、锌和镉等；有烃类化合物，如氯烃和烷烃等。南极的陆地植物地衣中，也有"六六六"和"滴滴涕"。在某些生物中，甚至还检测出了放射性物质，

※ 南极大陆上死亡的海豹

如钚等，这些都是人类给极地带来的污染。

---

**拓展思考**

1. 面对极地污染我们要做些什么？

2. 去南极旅游时在环保上要做些什么？

3. 极地污染对人类有什么影响？

---

地球上的南北两极

# 南极的保护

*Nan Ji De Bao Hu*

## ◎南极旅游保护

　　南极的环境问题日益严重，越来越多的人们开始呼吁注重南极的保护。尤其是人们对南极的好奇和期待增加，越来越多的人前往南极去旅游，据国际南极旅游联合会的统计，在 1992～1993 年旅游季节赴南极游客大约为 6700 人次，2006～2007 年为 29530 人次，2008～2009 年已达到45213 人次。这样频繁的人类活动，加重了海洋污染和燃料排放。此外，南极野生动物暴露在人类面前，极地动物的保护也被环保人士提上了课题。国际南极旅游联合会曾制定了在南极保护环境的行为规则，并每年向南极条约组织提交调查报告。然而，那些没有加入到旅游联合会的旅游公司的行为却难以规范，随着游客人数激增，南极海域和大陆的环境都面临威胁。所以，有关专家呼吁，应就每艘游船的载客人数提出限制要求。

　　2009 年 4 月举行的第三十二届《南极条约》协商会议达成一个共识：需要对前往南极的游船大小以及游客数量设置限制，以减少人类活动对南极环境的影响。有关限制规定包括：禁止载有 500 名以上游客的游船在南极靠岸；南极每个地点每次只能有一艘游船靠岸；每次上岸的游客不得超过 100 人；上岸的游客每 20 人必须至少配备一名导游；在游船上要有规范的监督员制度，监督员随着游客上岛，注视他们的一举一动。

※ 前往南极的船只

## ◎南极的保护协约

《南极条约》协商国会议制订了一系列保护南极环境和生物的协约：在南极不准随意扎帐篷，只能住考察站或者住游船，让游客停留若干小时就必须离去；进入南极大陆要穿特制衣服和鞋子，由大船换橡皮艇到岛上，严格消毒，确保不把船上的微生物和细菌带到岛上；禁止乱丢垃圾，禁止带狗到南极大陆等。并且经常组织有关人员，赴各国的南极考察站，进行环境检查和监督。一些国际环保组织如绿色和平组织，每月会自发地到各国考察站上检察企鹅的数量。

※ 保护南极

各国家和组织也积极加入了南极的保护。自 1990 年起，美国 5 年内投资 3000 万美元，用于保护南极的环境。

▶ 知 识 窗

### ·南极条约体系·

《南极条约》是在 1959 年 12 月 1 日签订的一项国际条约。《条约》规定南极专为和平目的所利用，可自由开展科研和国际合作，冻结领土主权要求，并制定了《南极条约》协商会议制度。根据协商会议制度，随后又接连签署了《南极海豹保护公约》《南极海洋生物资源保护公约》和《南极条约环境保护议定书》等，逐步形成了《南极条约》体系。

### ◎环保组织对南极的保护

绿色和平组织根据掌握的资料，提出了"救救南极洲"的响亮口号。并发出了呼吁：严格控制赴南极的旅游人数；各国考察站的一切废物，必须经过严格处理，或带出南极洲；决不允许任何污染南极的现象继续发生。他们还强调指出，在保护南极环境的措施没有落实之前，不准在南极洲开发矿产资源。

### ◎中国对南极环境的保护

我国南极考察委员会和国家海洋局，曾将 1990～1992 年作为南极环境年。要求一切赴南极洲的人员，必须加强环境意识，遵守南极条约体系有关保护南极环境的一切规定，并提出了许多具体措施。我国还在南极建立了特别保护区，根据《南极条约》有关规定，我国会定期访问保护区，评估该地区是否能继续达到保护目标，还要并保证各种保护与管理措施落实到位。

---

**拓展思考**

1. 为什么南极不让带狗？
2. 在南极建立特别保护区对我国有什么意义？
3. 了解各国对南极保护的具体措施和行动。

地球上的南北两极

# 两

极

探

索

第六章

　　人类对神秘又物资丰富的南北极，从发现的那一刻起，就从未停止过对它们的探索。本章带你了解人类对极地的大冒险及探索足迹。

# 北极早期的探索

Bei Ji Zao Qi De Tan Suo

人类对北极的探险最早可追溯至公元前 325 年，据记载，是一位希腊的名叫皮西亚斯的商人、航海学家为了寻找锡和琥珀的原产地而驾船北上。根据历史推测他在到达了现在的不列颠群岛（记载中称为"普乐塔尼群岛"）后，继续北上，来到了传说中的图勒大地。完成了这次航行花费了他大约 6 年的时间，他的最北航行到达了冰岛或者挪威中部，还可能已经进入了北极圈。公元前 325 年，皮西亚斯回到了马塞利亚（今法国马赛）。在他的关于这次航行的记载中这样描写：图勒旁边的地方"由既不是水也不是空气的物质组成，

※ 北极

或者说是前两者的混合"，"陆地和水都悬浮着，既不能踏足也不能航行"，"太阳落下两三个小时后又会升起来"。根据这样的描写现今的研究者认为，皮西亚斯应该已经到达很接近北极极圈的地方了。

在希腊人之后，北欧人也开始了对更北的地方的探索。爱尔兰的僧侣们可能在公元 800 年之前就已经来到了冰岛。公元 860 年之后，古代挪威人也开始踏足冰岛。

## ◎格陵兰岛的发现

格陵兰岛的发现与一个被驱逐出境的杀人犯有关。在公元 982 年左右，红胡子埃里克因为在当时已属挪威管辖的冰岛连续两次杀人，之后他被驱逐出境。在无路可走的情况下，他只好把一家老小和所有的东西都装

进一个无篷船里，怀着一线希望，硬着头皮往西方划去。在经过了一段相当艰苦的航行之后，他终于看到了一片陆地。当时的气候正处于全球温暖期的最佳气候阶段（欧洲人称作"中世纪暖期"），当时的格陵兰岛那样的高纬度地区可能也是相当适于生命的环境。红脸艾力克在那里住了3年，他觉得那里是一块很好的土地，还下决定回冰岛去招募移民。为了使这个地方听起来更加具有吸引力，他给这个地方起了一个好听的名字，叫做格陵兰，意思是绿色的大地。当然，当时格陵兰岛南部沿海地区的夏季很可能真的是一片苍翠的绿色。果然，在他的吸引下一批又一批的移民携带着他们的家财和牲畜渡海而来。

此后，格陵兰岛发展得蓬蓬勃勃，生机盎然，在其鼎盛时期，岛上的居民点有280多个，人口达数千人，建有教堂17个，不仅与欧洲建起了通商关系，罗马教皇甚至还派人来征收教区税。

然而，仅仅在500年之后，即公元1500年前后，随着世界气候的又一次波动（进入小冰期），

※ 现在的格陵兰岛浮冰与山

那里的天气逐渐变得寒冷起来，这个曾经繁盛一时的世外桃源，渐渐进入沉寂状态。这一时期的北极人类活动，可以称为自发的地域发现时期。

## ◎十六至十八世纪的探索：北极航线时期

北冰洋的东北航线和西北航线的发现和欧洲各国对东方的财富向往有很大关系。在十六世纪之后，马可·波罗的游记被很多人知道，而新大陆的发现让欧洲各国对神秘富裕的东方燃起了极大的兴趣。但是在当时，南方的海上航线还被西班牙和葡萄牙牢牢掌握在手中，来往航行的船只都要被征以重税。在利益驱动下，西方人开始寻找通向中国的最短航线，英国与荷兰都希望能够开通一条经过西伯利亚海岸到达远东的航线（东北航线），葡萄牙等则是开辟了西北航线。因为他们相信只要从挪威海北上，然后从此地向东或者向西沿着海岸一直航行，就一定能够到达东方的中国。

1500年，葡萄牙人考特雷尔兄弟沿欧洲西海岸往北一直航行到了纽芬兰岛。第二年，他们继续往北，希望寻找那条通往中国之路，但却一去不复返，成了为"西北航线"而捐躯的第一批探索者。

1553 年，英国派出三艘船前往探索东北通道，但只有一艘船到达莫斯科，受到沙皇的盛情款待。之后的 30 年里，另两次尝试均失败，此后英国放弃了打通东北航线的希望。不过与此同时，英国商人马丁·弗洛贝舍开始了西北航线的尝试，并在格陵兰发现了所谓的金矿（后来证明是黄铁矿）。数年之后，英国航海家约翰·戴维斯继续尝试与格陵兰的因纽特人接触交流，他的最北端到达了北纬 72°的地方。

西北水道荷兰的北极探索主要集中在东北航线。1594 年至 1596 年期间，威廉·巴伦支先后三次率船队出航。1596 年，他不仅发现了斯匹次卑尔根岛，而且创造了人类北进的新记录，到达了北纬 79°49′的地方，而且成了第一批在北极越冬的欧洲人。1597 年 6 月 20 日，年仅 37 岁的巴伦支由于饥寒劳顿而病死在一块漂浮的冰块上。

1610 年，受雇于商业探险公司的英国人哈德孙驾驶着他的航船"发现"号向西北航道进行探索，他们到达了后来以哈德孙的名字命名的海湾。不幸的是，22 名探险队员中有 9 人在这次航行中被冻死，5 人被因纽特人所杀，1 人病死，最后只有 7 人活着回到了英格兰。

1616 年春天，巴芬指挥着小小的"发现"号再一次往北进发，这已经是这条小船第 15 次进入这片西北未知的水域，这次航行他发现了开阔的巴芬湾。

十七世纪时，捕鲸业的兴起重新在英国掀起探索西北通道的热潮，其中亨利·哈德孙发现了以其命名的哈德孙湾。

十七世纪俄罗斯也进入开始对外快速扩张的时代。俄罗斯人在和北极居民的毛皮交易中大肆获利。1648年，哥萨克首领德兹涅夫进入北冰洋沿岸收集黑貂皮、熊皮等珍贵毛皮，然后绕过

※ 白令海峡

亚洲的东北角，穿过白令海峡，直下太平洋，他的实践第一次证明了欧亚大陆和美洲大陆是由一个海峡分开的，但他的发现没能回到莫斯科。

1725 年 1 月，彼得大帝任命丹麦人白令为俄国考察队长，派他去完成"确定亚洲和美洲大陆是否连在一起"这一艰巨任务。白令和他的 25 名队员离开彼得堡，自西向东横穿俄罗斯，旅行了 8000 多千米后，到达

了太平洋海岸，然后，他们从太平洋海岸登船出征，继续向西北方向航行。在此后的 17 年中，白令先后完成了两次极其艰难的探险航行。在这两次航行中他收获颇丰。在第一次航行中，他绘制了堪察加半岛的海图，并且顺利地通过了阿拉斯加和西伯利亚之间的航道，也就是现在的白令海峡。在 1739 年开始的第二次航行中，他到达了北美洲的西海岸，发现了阿留申群岛和阿拉斯加。俄国对阿拉斯加的领土要求得到了承认正是归功于他的这一发现。但是，参与探险航行的人中先后共有 100 多人在这两次旅途中死去，其中也包括白令自己。

1819 年，英国人帕瑞船长坚持冲入冬季冰封的北极海域，不过没有成功，差一点就打通了西北航道。他们虽然失败了，但却发现了一个极其重要的事实，即北极冰盖原来并不是固定的，而是在不停地移动着的。他们在浮冰上不断向前行进了 61 天，吃尽千辛万苦，步行了 1600 千米，而实际上却只向前移动了 270 千米。这是因为，冰盖移动的方向与他们前进的方向正好相反，当他们往北行进时，冰层却载着他们向南漂去。结果，他们只到达了北纬 82°45′ 的地方。但他们还是刷新了此前向北探险最远的世界记录，创造了新的人类进入最北端的记录。

1831 年 6 月 1 日，著名的英国探险家约翰·罗斯和詹姆斯·罗斯探险中发现了北磁极。1845 年 5 月 19 日，大英帝国海军部又派出富有经验的北极探险家约翰·富兰克林开始了第三次北极航行。在这次历经 3 年的艰苦探险行程中，全队 129 人陆续死亡，原因是寒冷、饥饿和疾病。由于条件艰苦，富兰克林的这次探险活动最后竟无一人生还，成为北极探险史上最大的悲剧。

※ 北冰洋移动的海冰

1878 年，芬兰籍的瑞典海军上尉路易斯·潘朗德尔率领一个由俄罗斯、丹麦和意大利海军人员组成的共 30 人的国际性探险队，乘"维加"号等 4 艘探险船首次打通了东北航线。

1905 年，后来征服南极点的挪威探险家罗阿尔德·阿蒙森成功地打通了西北航线。他们的努力为寻找北极东方之路成功地画上了一个完满的句号。

但是，在这一段北极航线探险时期，付出的代价是惨痛的，是以巨大的生命和人力代价完成的，这在北极探险史上有着不可磨灭的功绩和精神。

▶知 识 窗

### ·古希腊人对极地的猜测·

古希腊的大哲学家亚里士多德（公元前384～前322年）为"地球"这一概念奠定了基础。他认为了与北半球的大片陆地相平衡，南半球也应当有一块大陆。而且，为了避免地球"头重脚轻"，造成大头（北极）朝下的难堪局面，北极点一带应当是一片比较轻的海洋。

### 拓展思考

1. 了解在北极航海时期其他方法探险北极的大事件。
2. 马可·波罗游记对欧洲各国有什么影响？
3. 欧洲人在开辟北冰洋航线的时期，当时的中国是什么状况？

地球上的南北两极

# 中国对北极的探索

*Zhong Guo Dui Bei Ji De Tan Suo*

戌　戊戌变法六君子之一的康有为是中国最早到达北极的人，据说康有为在戊戌变法失败后一直在国外漂泊，他晚年时期在朋友的帮助下来到北极的斯瓦尔巴德地区，并在此地渡过余生。关于康有为到达过北极是有文字记录的："携同壁（康有为女儿的名字）游挪威北冰洋那岌岛夜半观日将下来而忽。"康有为并为该诗文写有注释："时五月二十四日，夜半十一时，泊舟登山，十二时至顶，如日正午。顶有亭，饮三边酒，视日稍低如幕，旋即上升，实不夜也，光景奇绝。"这段注解所描写的正是北极极昼现象。据此推断康有为成为中国最早来到北极的第一人。

## ◎中国第一个进入北极的科技工作者

1951 年夏天，武汉测绘学院高时浏到达地球北磁极（北纬71°，西经 96°），从事地磁测量工作。成为第一个进入北极地区的中国科技工作者。

在六十多年前毕业于多伦多大学的高时浏受雇加拿大联邦大地测量局，任天文科主任工程师。1951 年，他参加了在阿乐伯塔省的测定地面 60 度纬度圈的工作，当年夏天，他们从北极圈向北极挺进，当到达某一个地方的时候，他和同事所拿罗盘上的磁针突然不像平常那样可以移动了，从而找到了北极磁。虽然北极磁受到

※ 康有为——第一个到达北极的中国人

地球磁场的影响每年都在移动，但是高时浏却是有史可查的第一个进入北极磁的中国科学工作者。

地球上的南北两极

## ◎第一个到达北极点的中国人

1958 年 11 月 12 日, 李楠作为中国新华社驻苏联新闻记者, 为完成对北极的考察, 他乘坐"伊尔 14"飞机, 从莫斯科出发, 飞行 1.3 万千米, 先后在苏联北极第七号浮冰站 (北纬 86°38', 西经 64°24') 和北极点着陆, 成为第一个到达北极点的中国人。在 1961 年出版了他的《北极游记》。

※ 留在北极点的中国结

## ◎中国北极考察之其他"第一"

第一个到达北极点的中国女性是李乐诗, 1993 年 4 月 8 日, 香港记者李乐诗女士乘加拿大飞机到达北极点, 成为第一个到达北极点的中国女性, 并在北极点上首先展开中国五星红旗。

第一次由中国人自己组织的北极点考察: 1995 年 4～5 月, 中国科协和中国科学院组织了包括卫梦华、李栓科等 7 人在内的中国北极考察队, 乘机到达加拿大以北的北纬 88°附近, 然后徒步滑雪或乘雪橇向北极点进军, 沿途对大气、冰雪等进行考察, 于 5 月 6 日上午 10 时 55 分, 他们完成了首次中国人自己组织的、由企业赞助的北极点考察。

中国第一次北极科学考察: 1999 年 7 月 1 日至 9 月 9 日, 中国首次北极科学考察历时 71 天, 总航程 14180 海里, 圆满地完成了各项预定科学考察任务。这次考察收获很大, 获得了一大批珍贵的样品、数据资料等, 其中包括北冰洋 3000 米深海底的沉积物和 3100 米高空大气探测资源数据及样品; 最大水深达 3950 米的水文综合数据; 5.19 米长的沉积物岩芯以及大量的冰芯、表层雪样、浮游生物、海水样品等。

## ◎中国开始对北极关注及考察

中国从上世纪 80 年代已经开始进行南极考察, 但对北极的关注相对较晚, 直到上世纪 90 年代才开始。1991 年, 应挪威卑尔根大学的邀请, 中国科学院大气物理所研究员高登义乘挪威极地研究所的"南森"号科学考察船，参加了由挪威、苏联、中国和冰岛等四国科学家组成的斯瓦尔巴德群岛邻近海域的北极综合科学考察，并在考察过程中在北极地区展示了中国国旗。

在这次考察中，高登义把《斯瓦尔巴德条约》的原文版带回了国内，并开始向有关部门游说，宣传我国是《斯瓦尔巴德条约》的成员国。

▶ 知 识 窗 ◀

**·《斯瓦尔巴德条约》为中国在北极的活动铺平道路·**

1925年，在北洋政府段祺瑞临时执政期间，曾经派人参加了《斯瓦尔巴德条约》的协约签字。本次签字的有中国、苏联、德国、芬兰、西班牙等33个国家。该条约是迄今为止北极地区第一个、也是唯一的具有国际性的政府间的非军事条约。该条约规定条约规定，斯瓦尔巴德群岛"永远不得为战争的目的所利用"，各个缔约国、协约国公民，可以自由进入和逗留，只要不与挪威法律相抵触，就可以在这里从事生产、商业、科考等一切活动。凭着这个条约，中国成为世界上9个在北极地区享有优先权利的国家之一。

中国作为斯瓦尔巴德地区条约的成员国之一，群岛成为中国公民可以不用签证，自由出入、逗留的海外唯一的地方。

1992年开始，国家海洋局与两所德国极地研究所基尔大学和布莱梅大学合作开展了为期五年的北极海洋生态科学考察，对北极生态系结构和北极对海洋生态的影响进行研究。

1997年8～9月，中科院大气所曲绍厚、高登义和气科院卞林根等三人，由国家自然科学基金委赞助，与挪威卑尔根大学和斯瓦尔巴德极地大学叶新教授等合作，乘挪威"Lance"考察船，使用TMT（XULIUSHI系留式气象塔），超声风速温度仪和辐射仪等观测系统在斯瓦尔巴德群岛不同下垫面（浮冰区、开阔海域和陆地等）进行大气边界层结构和湍流通量等观测。

1998年5月，国家海洋局极地考察办公室陈立奇、王勇和中国极地研究所颜其德赴斯瓦巴德岛（北纬80°），考察该岛的自然环境、科学考察基地和探讨建立科学考察站以及国际科学合作的可行性。

1998年7～8月，由国家海洋局组织的陈炳鑫任团长、陈立奇、袁绍宏、陶丽娜组成的北极考察团，乘坐俄核动力破冰船"苏维埃联盟"号从俄北极城市罗尔曼斯克市出发，经新地岛和约瑟夫法兰兹群岛进入北极点，对北极地区海冰区、周围岛屿自然环境以及北冰洋航线和破冰实践进行了实地考察，为中国首次北极科学考察航线的选择和实施方案提供科学依据。

2002年8月2日，中国科考队在北极建立了两座陆地大气观测站。

地球上的南北两极

※ 中国在北极点留下足迹及五星红旗

这两座气象站，一个建在靠近北冰洋的河谷里，一个设在山上的冰川中间，像是由冰雪和碎石堆积成的小岛一样的地方。

同年，正在北极科考的冰川学家张文敬教授，在斯瓦尔巴德群岛郎伊尔宾冰川上发现北极雪藻。这是从事冰川研究32年的张文敬教授首次发现冰川雪藻，也

※ 中国首次北极科学考察在北极留影

是这次中国伊力特·沐林北极科学探险考察队取得的重要科考成果。

2003年7月，中国政府组织了第二次北极科学考察。"雪龙号"搭载109名队员，破冰挺进北纬80°，全程历时74天，开展了海洋、大气、海冰和生化等多学科的综合考察。此次考察中，首次成功布放了两枚极区卫星跟踪浮标，中国自主研制的遥控式水下机器人也首次下水实验，深化了对北极海洋、海冰与大气相互作用的研究。

2004 年的北极科考中，中国在挪威斯匹次卑尔根群岛的新奥尔松确立了首个北极科学考察站：中国北极"黄河站"（78°55′N，11°56′E）。其主要研究项目包括"北极在全球变化中的作用和对中国气候的影响""北冰洋

※ 科技人员进行样品收集

与北太平洋水团交换对北太平洋环流的变异影响""北冰洋邻近海域生态系统与生物资源对中国渔业发展影响"等。

2008 年 7 月 11 日至 9 月 24 日，122 名科考队员搭乘"雪龙号"，累计航行 12000 海里，进行了中国对北极地区的第三次科考。本次考察共完成 132 个海洋学调查站位、1 个长期和 8 个短期冰面观测站位。

2010 年 7 月 7 日至 9 月 20 日，中国对北极地区进行了第四次科考，最北到达北纬 88°26′。这次科考队由 121 名队员组成，其中包括美国、法国、芬兰、爱沙尼亚和我国台湾地区的 6 名科学家。本次科考主要研究北极海冰快速变化及北极海洋生态系统对海冰快速变化的响应，并首次把海洋综合考察和对北极海冰的考察延伸到了北极点。

**拓展思考**

1. 你了解北极的战略地位吗？
2. 北极地区允许哪些开发？
3. 中国在北极科考有什么意义？

# 第一个到北极点的人

*Di Yi Ge Dao Bei Ji Dian De Ren*

在1909 年 4 月 6 日，美国海军中校、探险家罗伯特·皮尔里成功到达北极点，成为世界上第一个到达北极点的人。而一个世纪以前，英国政府为了奖励北极探险者，曾拨出一笔资金，准备奖给第一个到达北极的探险家。资金虽然不多，但是却起了很大的激励作用，许多探险家跃跃欲试，想摘到第一个到达北极点的桂冠，获得这一令人心驰神往的历史荣誉。罗伯特·皮尔里就加入了寻找北极点的行列。

罗伯特·皮尔里前后用了二十二年的时间，前三次都失败了，第四次才得到了成功。在做了一些准备后，1902 年罗伯特·皮尔里开始向极地进发。他在北纬 80°的地方建立了几座仓库，为未来的北极探险减少负载。第一次尝试终因不能穿过冰冻的北冰洋而返回。这次探险使皮尔里适应北极环境，为以后的成功创造了条件。

※ 罗伯特·皮尔里

1905 年他再踏征途，50 岁的皮尔里再次组织北极探险。这次他乘坐自己设计的能够穿过冰封海洋的船只，比上一次更加接近北极大陆，但是狗拉雪橇没能使他到达北极。探险队登上"罗斯福号"船，从纽约出发，向北方驶去。同去探险的除了白人探险家外，还有一些熟悉北极情况的因纽特人。

1906 年 2 月，探险船来到了赫克拉岬地。皮尔里指挥因纽特人在冰上建立航线和补给站，以节约极点冲刺突击队员的体力。但是，因纽特人在建立补给站时遇到极大的困难，皮尔里最终放弃了这个设想。第二次探险又没有达到目的。

1908 年 6 月 6 日，皮尔里再次率领"罗斯福"号探险船去北极探险。探险队由 21 人组成，9 月 5 日，"罗斯福"号驶抵离北极只有约 900 千米的谢里登角，却被严严实实地冰封在海湾里了。

第二年 2 月 22 日，皮尔里留下一些人员，组成三个梯队向最后一个出发点——哥伦比亚角前进。前两个梯队打前站，负责探路、修建房屋，好让皮尔里指挥的第三梯队保持旺盛的体力向北极点冲击。4 月 1 日，最后一批人员撤回基地，参加最后冲锋的只有皮尔里、亨森和三名因纽特人，当

※ 如今北极点飘荡的各国国旗

时，突击队离北极点还有约 240 千米。4 月 5 日，皮尔里已到达北纬 89° 25′处，离北极点只有约 9 千米了。在北极的一处冰河流中，皮尔里放下一根长达 2752 米的绳子测深，结果还是没探到底。快到北极点时，他们每个人的体力都消耗太大了，两条腿仿佛有千斤重，一步也迈不动了，眼皮也在不停地"打架"。稍待休息之后，皮尔里一行人勇敢地冲向北极点，终于在 1909 年 4 月 6 日到达北极点。他们在这里插上美国国旗，国旗的一角上写着："1909 年 4 月 6 日，抵达北纬 90°。皮尔里"。后来，经过专家们的仔细鉴定，确认皮尔里是世界上第一个到达北极极点的探险家，他所到达的地点，是北纬 89°55′24″，西经 159°。

皮尔里的北极探险证明了从格凌兰到北极不存在任何陆地，整个北极都是一片坚冰覆盖的大洋。

▶知识窗

　　站在北极点上是没有时间之分的，因为划分时区的经线都在此相交集成一点，可以说绕北极点转一圈，就已是过了一天了。而北极点的位置，只有靠仪器，才能精密准确地确定。因为北极点上的地物是一些相互碰撞、相互碾压的大堆块冰，这些块冰又朝顺时针方向，时停时进地在北冰洋上打圈圈，不久就会被抛远。

拓展思考

1. 北极点的研究有什么意义？

2. 怎么看待俄罗斯用核动力破冰船开往北极点进行考察？

# 北极探险

*Bei Ji Tan Xian*

## ◎北极航线时期

由于马可·波罗的中国之行，使西方人相信中国是一个黄金遍地、珠宝成山、美女如云的人间天堂。于是，西方人开始寻找通向中国的最短航线——海上丝绸之路。当时的欧洲人相信，只要从挪威海北上，然后向东或者向西沿着海岸一直航行，就一定能够到达东方的中国。因此，中世纪的北极探险考察史是同北冰洋东北航线和西北航线的发现分不开的。

1500年，葡萄牙人考特雷尔兄弟沿欧洲西海岸往北一直航行到了纽芬兰岛。第二年，他们继续往北，希望寻找那条通往中国之路，但却一去不复返，成了为"西北航线"而捐躯的第一批探索者。

从1594年起，荷兰人巴伦支开始了他的3次北极航行。1596年，他不仅发现了斯匹次卑尔根岛，而且到达了北纬79°49′的地方，创造了人类北进的新记录，并成了第一批在北极越冬的欧洲人。1597年6月20日，年仅37岁的巴伦支由于饥寒劳顿而病死在一块漂浮的冰块上。

1610年，受雇于商业探险公司的英国人哈德孙驾驶着他的航船"发现"号向西北航道发起冲击，他们到达了后来以哈德孙的名字命名的海湾。不幸的是，22名探险队员中有9人被冻死，5人被因纽特人所杀，1人病死，最后只有7人活着回到了英格兰。

1616年春天，巴芬指挥着小小的"发现"号再一次往北进发，这是这条小船第15次进入西北未知的水域，发现了开阔的巴芬湾。

1725年1月，彼得大帝任命丹麦人白令为俄国考察队长，去完成"确定亚洲和美洲大陆是否连在一起"这一艰巨任务。白令和他的25名队员离开彼得堡，自西向东横穿俄罗斯，旅行了8000多千米后，到达太平洋海岸，然后，他们从那里登船出征，向西北方向航行。在此后的17年中，白令前后完成了两次极其艰难的探险航行。在第一次航行中，他绘制了堪察加半岛的海图，并且顺利地通过了阿拉斯加和西伯利亚之间的航道，也就是现在的白令海峡。在1739年开始的第二次航行中，他到达了北美洲的西海岸，发现了阿留申群岛和阿拉斯加。正是由于他的发现，使得俄国对阿拉斯加的领土要求得到了承认。但是，前后共有 100 多人在这两次探险中死去，其中也包括白令自己。

1819 年，英国人帕瑞船长坚持冲入冬季冰封的北极海域，差一点就打通了西北航道。他们虽然失败了，但却发现了一个极其重要的事实，即北极冰盖原来是在不停地移动着的。他们在浮冰上行进了 61 天，千辛万苦，步行了 1600 千米，而实际上却只向前移动了 270 千米。这是因为冰盖移动的方向与他们前进的方向正好相反，当他们往北行进时，冰层却载着他们向南漂去。结果，他们只到达了北纬 82°45′的地方。

1831 年 6 月 1 日，著名的英国探险家约翰·罗斯和詹姆斯·罗斯发现了北磁极。

1845 年 5 月 19 日，大英帝国海军部又派出富有经验的北极探险家约翰·富兰克林开始第三次北极航行。全队 129 人在 3 年多的艰苦行程中陆续死于寒冷、饥饿和疾病。这次无一生还的探险行动是北极探险史上最大的悲剧，而富兰克林爵士的英勇行为和献身精神却使后人无比钦佩。

1878 年，芬兰籍的瑞典海军上尉路易斯·潘朗德尔率领一个由俄罗斯、丹麦和意大利海军人员组成的共 30 人的国际性探险队，乘"维加"号等 4 艘探险船首次打通了东北航线。

1905 年，后来征服南极点的挪威探险家罗阿尔德·阿蒙森成功地打通了西北航线。他们的努力成功地为寻找北极东方之路画上了一个完满的句号。

然而，换来的成功代价是极其沉重的，因此这些成功并没有给人类带来多少喜悦。因为穿越北冰洋的航行实在太艰难了，所以毫无商业价值可言。这一持续了大约 400 年的打通东北航线和西北航线的探险活动，我们可称之为北极航线时期。

## ◎全民探险

进入 21 世纪，随着航海科学技术的发展，以及全球旅游业的发展，北极不再只是探险家的圣地，有很多普通人也纷纷加入了去往北极的路，开始北极探险的旅程。苏联的核工业技术也为极点旅游业带来了新的变化。

这里值得一提的就是"五十年胜利号"核动力破冰船，（最初命名为"乌拉尔"号）它是世界上最大的核动力破冰船，于 1993 年开始建造，原本是为纪念第二次世界大战结束 50 周年准备的，并在 50 周年纪念日前后下水，也为此起了船名"五十年胜利号"号，但由于资金短缺，该项目中途被迫叫停，直到 90 年代末才恢复对该项目拨款。该船于 2006 年建成下水试航，2007 年正式交付使用。

"五十年胜利号"船长 159 米，宽 30 米，有船员 138 名，满载排水量 2.5 万吨，最大航速 21 节，航速为 18 节时最大破冰厚度 2.8 米，总功率为 75000 匹马力，船上装有两个核反应堆，还装有最新的卫星导航和数字式自动操

※ 五十年胜利号

控系统，新式的测冰测深雷达以及海水淡化系统，船上还载有 8 米直升机 1 架，用于侦察冰情和人员物资的运输，另外船上装备的 6 艘救生船也是为在冰区救援航行所特制的。各种指标都说明这艘船是当今世界上最新、最大，也是最先进的核动力破冰船，这也使它成为俄罗斯众多"北极"级核动力破冰船里当之无愧的巨无霸。

2007 年开始，这艘船每年夏天都会满载全球对北极充满好奇的旅行者前往北极点进行探秘，这其中亦不乏中国人的身影。

**知识窗**

1958 年，美国的核动力潜艇"诺特拉斯"号第一次从冰下穿过了北极点。

1959 年，美国"斯凯特"号潜艇第一次在北极点冲破冰层浮出冰面。

1977 年，苏联的破冰船"北极"号破冰航行，第一次冲破冰层到达北极点。

1978 年，日本孤身探险家植村直己乘狗拉雪橇完成了人类历史上第一次只身到达北极点的壮举。他也是迄今为止从冰面上到达北极点的唯一的亚洲人。

1986 年，法国医生爱提厄完成了第一次靠人的体力独身滑雪到达北极点。

**拓展思考**

1. 你还知道哪些值得纪念的北极探险人与事？

2. 你觉得有必要针对北极旅游制定北极保护规则吗？

地球上的南北两极

# 向南极进军

*Xiang Nan Ji Jin Jun*

新航道开辟后，欧洲人在世界各地赚到了大量财富。美洲和澳洲的发现，让更多的人相信"未知的南方大陆"的存在，他们希望"未知的南方大陆"可以像其他的大陆一样是一片富庶的土地，能为他们带来更多的财富。于是，在十八世纪七十年代有人就开始了主动寻找南方大陆的航海活动。

拉开探寻南极大陆序幕的第一人是英国的航海家詹姆斯·库克。1768年8月，詹姆斯·库克运送一批天文学家到南太平洋的塔希提岛观测天文现象，并执行搜索神秘的"南方大陆"的任务，但行驶到澳大利亚、新西兰便返回了。1772年7月，詹姆斯·库克经过精心策划准备，开始再一次探险，他率领船队从南非出发，历时3年之久，行程近10万千米，绕南极洲一周。他于1773年1月首次进入南极圈内，这是他的第三次航寻，也让他完成了人类历史上首次进入南极圈的航行。但是因为有浮冰的阻隔，他没有到南极洲，但他却发现了一系列岛屿，最终到达纬度为南纬71°11′S，是当时的最南记录。他宣称，即使地球最南端有一块大陆，也是寒冷的不毛之地，没有任何经济价值。因此，之后的半个世纪人们丧失了对南极的兴趣。

## ◎谁先发现的南极大陆

关于谁先发现的南极大陆，俄、美、英三国一直都在争论，都认为是自己国家先发现的南极大陆。1821年，别林斯高晋和拉扎列夫受沙皇派遣乘"东方号"与"和平号"到南极探索，到达南纬69°23′，发现了南极大陆的海岸。次年又发现了彼得一世岛、亚历山大一世岛。所以俄国人认为是他们先发现的南极大陆。但

※ 早期的南极探索船

是美国人却声称在 1820 年 11 月已经有美国人帕墨尔为了乘船追寻海豹，大致在奥尔良海峡东南发现一批多山的岛屿，这比俄国人早了 70 天。英国人也说早在 1820 年 1 月，英国人勃兰斯菲尔德和海豹猎人威廉·史密斯穿过现在的勃兰斯菲尔德海峡，到达帕墨尔群岛（也叫三一岛）附近，发现了南极大陆。这三国的人都说是自己先发现的南极大陆，究竟是谁最早发现南极大陆至今谁也没定论，但是无可否认他们都为南极大陆的发现做出了巨大贡献。

但是，因为这三国的发现在当时都因没有超过库克南航的纬度，均没有引起重视，对南方大陆的寻找再次冷落下来。

## ◎新的探索

1831 年发现了北磁极后，德国著名数学家高斯经过计算后预言，应该在南纬 66 度、东经 146 度的地方有个与北磁极对应的南磁极。为探索地磁理论，自然科学家鼓动了新的南极探寻活动，也为寻找南极赋予了科学的意义。

※ 埃里伯斯火山

1838 年，法国的迪维尔和美国的威尔斯克分别向南极进发，却未能如愿，最终因冰山的阻隔，只能以发现很长的海岸线告终。

1840 年，英、法、美三国都有派遣探险队去寻找南极。法国人杜威尔在澳洲正南方向发现了一个裸露的岩岸，用他的妻子的名字命名为阿德雷地，并命名其沿海水域为迪尔维尔海，后人还以其夫人的名字命名了一种企鹅，即阿德雷企鹅。美国探险家威尔克斯率四艘军舰组成的探险队，到达了原以为南磁极所在的区域附近，其中一军舰连船带人俱毁，几个星期后来到一个海湾，他命名为皮纳尔湾，在看到"非常长的海岸线"后，沿岸线航行了 2500 千米。所以，威尔克斯才是称得上真正意义上的第一个真正发现南极大陆的人。

英国的这次远航派出了以发现北磁极的罗斯爵士为领导的南极探险

队，他的船只进行了特别的加固，已经具有一定的破冰能力，因而在冲破了一片冰封的海域后，到达了一片无冰的海域，这就是后来以他的名字命名的罗斯海，罗斯爵士因此成为第一个穿过海中大块浮冰的人。发现了罗斯岛，用船队里的一艘船"埃里伯斯"号命名了岛上正在喷烟吐雾的活火山，并将罗斯海一侧的陆地命名为维多利亚地。罗斯他们在次年到达78°9′S，创造了这一时期的最南纬度记录。罗斯还测出了南磁极位置，看到了几十米高、800多千米长的冰墙，即罗斯冰障，却无法穿越此冰障，只得退了回来。他成为在这地区发现的巨大冰架的人，这里的冰架也被命名为罗斯冰架。他们的探险结果为后人找到一条进入南极大陆内地的大门。

**知识窗**

### ·罗斯岛·

它是南极洲西南部罗斯海中的火山岛。位于南极洲维多利亚地岸外，罗斯冰棚的北缘。在南纬77°30′、东经168°之间。隔麦克默多海峡与维多利亚地相望。面积1,300平方千米。多山，由火山熔岩组成，最高点海拔4,023米。覆有冰雪。岛上有著名的埃里伯斯（Erebus）活火山（海拔3,800米）和特罗尔山（海拔3,277米）。硫磺矿储存丰富。目前，这里的麦克默多站，是南极科学考察最大的补给站，每年夏天（当年的11月至次年的3月）都有来自世界各地的科学家乘飞机来这里，将生活必需品带回科考站，也是南极旅游的主要地区，1979年在埃里伯斯山发生了坠机事件，造成257名南极观光和摄影者丧生。

1893年，挪威人拉尔森到达南极半岛。

1897～1899年，罗马尼亚的拉科斯塔，比利时人吉尔拉契分别到南极。

19世纪末，西欧探险家博赫格列文克率领的9人探险队在维多利亚地附近，因航船陷入浮冰群，随冰块整体移动着，而成为历史上人类第一次在南极大陆越冬，证实了人类是可以在南极极夜下生存的。

1901～1903年，瑞典诺尔舍尔德到达。

1902年，英国人斯科特队到达82°17′S，建立了第一个科学考察站。

1909年，莫森、戴维斯和麦凯首次到达当时为南纬72°24′，东经155°18′的南磁极。

## ◎走向南极点

1910年，英国斯科特探险队和挪威阿蒙森探险队都宣布向南极点进军，这两支探险队之间展开了一场激烈的生死角逐。阿蒙森一行5人，用狗拉雪橇，经过千辛万苦于1911年12月4日到达南极极点，成为人类第一个到达南极极点的人，他们考察 4 天后顺利凯旋。而斯科特探险队一行 5 人，顶风雪经过 82 天，于 1912 年 1 月 16 日终于到达南极点。但因动力问题和工作疏忽，返回途中五人全部遇难。

※ 阿蒙森五人

## ◎飞机探索

1928 年，英国的威尔金驾机飞越南极半岛。

1929 年 11 月 28～29 日，柏德驾飞机第一次越过南极点。伯德三次飞临南极点进行低空摄影。同年，另一美国人艾尔斯沃斯驾机从南极半岛顶端飞至罗斯冰架。

## ◎考察时代

从 1957～1958 年的国际地球物理年起至今，众多的科学家纷纷涌往南极，他们在那里建立常年考察站，进行多学科的科学考察，现已有十多个国家建立了 50 个常年科学考察站，每年参加南极越冬的科技人员相加有几百人，而 11 月至次年 3 月间，成百上千人在这里从事各项活动，甚至乘船或飞机到南极半岛和罗斯岛旅游。人们称这一时期为科学考察时代。

※ 飞机考察

| 拓展思考 |

1. 探索南极对人类的意义？
2. 南极大陆发现后对人类的影响？

# 中国对南极的探索

*Zhong Guo Dui Nan Ji De Tan Suo*

中国人第一次与南极接触的是宋庆龄的父亲——宋耀如，据冯伟进的文章《孙中山称宋耀如是"南极仙翁"》上的描写："1875 年，年仅 9 岁的宋耀如从海南岛的文昌县登船出海，到美国投奔他的舅父。当船航行到麦哲伦海峡时，突遇风暴，船不得不转向南行，越过合恩角和德雷克海峡，来到南极洲的一个岛上。船停在那里检修，宋耀如跟着大人们登上了海岛，海岛是个布满冰雪的世界，奇寒无比，黑背白肚的企鹅密集全岛，是一个名副其实的'企鹅岛'。过了一段时间，船修好了，宋耀如才随船到美国去。"宋耀如对孙中山先生说："南极给我最深的印象是寒冷。如把头脑发热的人送到南极，他的头脑一定会冷静下来。南极是天然冰箱，是寒冷之极。"如此一来，孙中山先生便称其为"南极仙翁"，宋耀如则成为到达南极的中国第一人。

## ◎第一批登陆南极的中国科学家

1980 年 1 月 6 日至 3 月 18 日，中国应澳大利亚南极局的邀请，选派董兆乾和张青松两人首次赴澳大利亚南极凯西站，对其进行为期 47 天的科学考察与访问，他们因此成为第一批登上南极大陆的中国科学家。此间，他们还访问了美国的麦克默多站、新西兰的斯科特站和法国的迪·迪尔维尔站。

※ 登陆南极

## ◎最先到达南极点的中国人

原中国国家南极考察委员会办公室副主任高钦泉和国家海洋局第一海洋研究所的海洋生物学家张坤诚，应美国国家科学院极地研究委员会的邀请，于 1985 年初抵达南极点的阿蒙森—斯科特站进行友好访问，他们是最先到达南极点的中国人。

在到达南极点的当天,他们亲手在南纬 90°的上空把中国的五星红旗升起,同时还把一个指向中国北京的指向标插在南极点上。

## ◎中国南极科考大事件

1983 年,中国加入了《南极条约》,成为《南极条约》缔约国;1985 年 10 月,中国又被接纳为《南极条约》协商国,获得了在国际南极事务中的决策地位。1986年,中国成为国际南极研究科学委员会正式成员国。

※ 中国考察队

中国的南极考察事业开始于 20 世纪 80 年代。1984年 11 月 20 日,中国编队 591乘"向阳红 10 号"科学考察船和海军"J121 号"救助打捞船,从上海起航进行首次南极国家科考。12 月 31 日科考队登上南极乔治王岛,中华人民共和国国旗第一次插在了南极洲。向阳红 10 号曾进入南极圈内的南极半岛附近海域考察,有 36 人登上雷克鲁斯角;南大洋考察队进行了磷虾资源和环境状况的多学科调查;南极洲考察队进行了生物、地质、地貌、

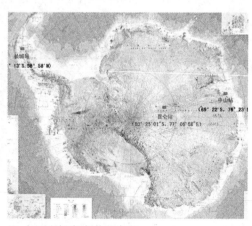

※ 中国南极考察站分布图

高层大气物理、地震、气象、测绘和海洋科学等领域的考察。

1985 年 2 月 20 日,在西南极的乔治王岛地区建成中国第一个南极科学考察站——长城站。

1988 年 11 月,中国第五次南极考察队首次前往东南极地区开展考察活动,并于 1989 年 2 月在东南极拉斯曼丘陵地区建成了中国第二个南极

考察基地中山站。

　　2009 年 1 月 27 日，中国又在南极内陆冰盖的最高点冰穹 A 地区建立了昆仑站，这是在南极大陆海拔 4000 米以上高度建成的唯一科学考察站，其坐标为南纬 80°25′01″、东经 77°06′58″。这也是中国首个南极内陆考察站。中国第 25 次南极科考队内陆冰盖队队长李院生被任命为首任站长。

▶ 知 识 窗 ◀

### ·南极冰穹 A·

　　整个南极大陆 98% 的面积被平均厚度达 2450 米的冰体覆盖，好像头上戴了一顶大帽子，被人们形象地称为"冰盖"。冰穹 A 是南极内陆冰盖距海岸线最遥远的一个冰穹，也是南极内陆冰盖海拔最高的地区，气候条件极端恶劣，被称为"不可接近之极"。2005 年中国第 21 次南极考察昆仑科考队到达这里，考察队里的博士生张胜凯将一根标志杆深深地插进一片地里。这一历史时刻，标志着人类首次确定了南极内陆冰盖最高点的位置：南纬 80°22′00″，东经 77°21′11″，海拔 4093 米，张胜凯也因此成为第一个登上南极冰盖最高点的人。

## ◎ "雪龙号"考察船

　　"雪龙号"考察船是我国目前在南极进行极区科学考察的唯一的一艘破冰船，它由乌克兰赫尔松船厂于 1993 年建造的。我国购进后，投资改造成极地考察船。"雪龙"号总长 167 米，型宽 22.6 米，型深 13.5 米，满载吃水 9 米，满载排水量 2 万 1 千多吨，最大航速 18 节，续航力 2 万海里。"雪龙"船属 B1 级破冰船，

※ 雪龙号

能以 1.5 节航速连续破冰 1.1 米前行。

　　雪龙号的第一次南极航行是在 2009 年 10 月 11 日，那是我国进行的第 26 次南极科学考察。雪龙号承载着考察队从中国极地考察国内基地启程奔赴南极，"雪龙"号这次航行要装运的科考设备、油罐、站区建筑材料等物资达 3900 多吨，还有近 4000 吨油料和 1300 多吨淡水。此外"雪龙"号还准备了近 600 种、总重约 60 吨的食品和调料，除蔬菜和水果需

在沿途港口补给外，这些食物足够满足考察队全程的饮食需求。

"雪龙"船配备了先进的导航、定位、自动驾驶系统，除了这些还配有先进的通讯系统及能容纳两架直升机的平台、机库，以及完善的医疗设施和生活娱乐设施。作为科考船，"雪龙"船还具备了大气、水文、生物、计算机数据处理中心、气象分析预报中心和海洋物理、化学、生物、地质等一系列科学考察实验室。

在"雪龙"号上还配载着一架"卡－32型"载重直升机"雪鹰"号，该型直升机吊挂能力可达4吨，是以前船载机型的4倍左右，"雪鹰号"成为目前南极地区使用的最大吨位直升机。由于采用了双发共轴式反转旋翼设计，"雪鹰"号拥有较强的抗风能力，可以保证它在南极大显身手。以"卡－32型"载重直升机装备"雪龙"号是中国极地科考装备升级换代的一个标志。

## ◎雪鹰号失事

"雪鹰"号卡－32型直升机（B－7810）在2011年12月8日（南极中山站当地时间）第28次南极科学考察时，在执行"雪龙"号船至中山站物资吊挂运输作业任务空载返回"雪龙"号船途中，在南极冰山间的海冰区上空突然失控，迫降未成功，"雪鹰号"坠落海冰上损毁。两名机组人员被救回"雪龙号"。

| 拓展思考 |

1. 为什么将昆仑站建在最高点冰穹A？
2. 从1984年至今中国共进行了多少次南极科考？
3. 我国在南极科考都取得了哪些成就？

地球上的南北两极

# 被
## 动的两极

BEIDONGDELIANGJI

第七章

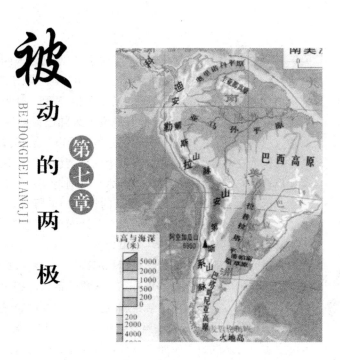

　　南极和北极在很长的历史中都是很独立地存在着，虽然在人类看来有些寂寞，但是毕竟是自由的，除了自然界基本上没有别的什么可以干涉它们。但是时至今日，飞机的轰鸣划破极地寂静的天空，科考船只也在往来穿梭；冰盖之上，蹒跚着石油大亨的身影；海面之下，出没着各种潜艇……

　　这样做的理由，或许觊觎南极和北极丰富的资源，或许着眼于全球战略的谋篇布局的大计；又或许是出自于真正的科考目的，或者仅仅是为了满足对这一地区的探险好奇……百多年来，人们把目光投向了已经孤绝沉寂亿万年的南北极。持续百年的极地之争，在全球化时代显现出许多新的特征，新的趋势。"政治入侵极地"正在成为人类面临的现实——极地皑皑冰雪之下，涌动着21世纪各国角逐的暗流。

# 南极的百年争夺

南极的重要战略地位，早在上世纪初便已进入西方的视野。然后，各国对南极的觊觎就没停止过。1908 年，英国首先对南极提出了领土要求。继之，澳大利亚、新西兰、法国、智利、阿根廷和挪威的触角也先后伸向南极。到 1940 年，83％的南极大陆已经被这 7 个国家实施了"瓜分"，只剩下西经 90°～150°被认为是"预留"给美国的"空白"。

因为在战略位置最佳的南极半岛，智利、阿根廷和英国的"版图"相互重叠，它们各执一词，争论不休。特别是英阿两国，都以海军介入了争夺，拆掉对方的标志，换上自己的标志，进行了一场"标志物破袭拉锯战"。1947～1954 年，英国先后 4 次就南极"主权"分歧上诉国际法院，但智利与阿根廷拒绝国际法院审理。

作为最有影响的大国，美国和苏联虽然都没有提出主权要求，但两国不承认其他国家对南极的划分，并声称保留自己提出主权要求的权利。

二战前，美国的探险最具影响力，考察、测绘过的土地最多，约占南极总面积的 80％。如果按照发现权原则，美国无疑在南极占据有利条件。苏联也不甘示弱，声明如果没有它的参与，任何解决南极版图的方案它都不予承认。1946～1948 年，美国发起了两次大规模的南极考察活动，每次都派出了大批军舰和科学家。苏联军舰和供应船只也奔忙于南大洋之上。

为防止竞争演变为战争，各国也试着提出各种解决方案，但没有哪个方案能得到各国一致认同。一些第三世界国家提出南极由联合国托管，遭到包括美国在内的 8 国一致反对。1948 年初，美国国务卿马歇尔提出美国与其他 7 国共管南极，建立一种对南极的共同主权，意在排斥苏联。此举遭到了除英国和新西兰两国以外的苏联、阿根廷、澳大利亚、智利、法国和挪威的反对。

一时间，南极问题陷入僵局。1948 年 7 月，智利外交部法律顾问埃斯库德罗建议，南极主权之争至少须暂停 5 年，应集中精力从事科学研究，科考人员可自由进入南极大陆，并在政治上保持中立，这被称为《埃斯库德罗宣言》。可惜，当时"冷战"迷住了大国政治家们的思维，这位法学家的建议并没有得到那些人的重视。

1948 年，英国南极半岛的霍普湾基地毁于火灾后，阿根廷马上在距英国原基地不远处建立了自己的考察站。因霍普湾地理位置良好，英阿都希望把它控制在自己手中，于是便发生了 1952 年的霍普湾冲突。

显然，只要关于南极的"游戏规则"迟迟确定不下来，类似霍普湾的事件势必重演，而且如果美苏也卷入纷争，南极大陆必然成为多种矛盾的焦点。

作为南极中立化的支持者和主导者，美国的主要目标之一是保证南极服务于本国安全利益，而且必须防止南极争夺破坏美国的全球同盟体系。同时，美国并不是独自进行争夺南极计划。英国是美国的铁杆盟国，阿根廷和智利是美国泛美同盟体系中的重要成员，美国当然不希望自己的盟国打起来而让苏联有机可乘。

在 1957～1958 国际地球物理年期间，苏联在南极乔治王岛建立了别林斯高晋考察站，它俯瞰南极半岛与南美大陆之间的德雷克海峡。如果苏联在该海峡建立军事基地，泛美互助条约的南部地区都将处于苏联导弹的有效射程之内，这样一来，必将引起包括智利和阿根廷在内的南美国家的恐慌，美国与拉美的防务合作将会复杂化。

因此，国际地球物理年尚未结束，美国便迫不及待地召集各国在华盛顿召开国际南极会议，提出了南极中立化方案。

1959 年 12 月 1 日，12 个在南极从事过实质性科考的国家签署了《南极条约》。该《条约》规定南极非军事化，冻结法律地位，除禁止提出新的主权要求外，对曾经提出的主权要求既不承认也不否认。《南极条约》被公认为冷战时期人类取得的辉煌成就，地位甚至超过了 1987 年美苏签署的《中导条约》。

然而，国际政治与国际法之间的内在逻辑关系也决定了《南极条约》的局限性。

首先，条约排外而且做得很隐蔽。它虽声明自己的开放性，欢迎其他国家加入，但是硬把参与国分为协商国和缔约国。只有在南极从事过有重大价值的科学研究活动（如建立科考站或派遣科考队）的国家才能成为协商国，只有协商国才有表决权，这本身就是一种不平等规定。

12 个签约国是当然的协商国，这只是以"集体霸权"代替"个体霸权"。1983 年以前，缔约国甚至连参加南极条约协商会议的资格都没有，1983 年以后，这些国家才可作为观察员参加会议，但依旧无表决权。南极考察活动需要巨大的财力，只有大国和富国有这样的能力，这对发展中国家极不公平。

然而，更大的隐患在于条约内容本身。《南极条约》只是将主权问题"暂时"搁置，虽不承认，但也不否认已有的权力要求。这埋下了极大的"隐患"，这一原则显然更有利于 1959 年之前已提出主权要求的"既得利益"国家。

冻结法律地位的原则本是一项临时性的权宜之计，其"临时性地位"能否经得起长期化和战略化的考验令人担忧。直到今天，几个南极领土主权要求国仍煞有介事地"看护"着自己的"领地"。

正因存在缺陷，条约生效后，世界各国依然可以加强在南极的政治存在。美国历届政府都强调保持南极存在和影响的重要性，其他有关国家也从来没有放弃对南极土地的"经营"，围绕南纬 60°以南地区内某些岛屿的归属问题仍时有争吵。

## ◎南极洲的"产权"纠纷

南极洲的"产权归属"问题由来已久，并且直到今天争论仍未结束。

在《南极条约》未出台前，南极争斗正酣，1956年，当时的印度驻联合国代表拉奥向联合国秘书长提出，将南极问题纳入第 11 届联合国大会议事日程，最终实现南极地区由联合国托管。然而，发展中国家发出的第一轮"攻势"遭到了既得利益国家集团的一致反对，印度只好收回建议。

1982 年《联合国海洋法公约》出台，继外空之后，国际海底区域及其资源也被宣布为"人类的共同继承财产"。海洋权益的明晰，推动了第三世界"南极意识"的觉醒。马来西亚领导人马哈蒂尔成为积极呼吁南极洲由联合国控制的领头羊。众多第三世界国家坚持将"人类共同继承财产的概念"适用于南极及其资源。

从 1983 年起，南极洲问题屡屡被列入联大议事日程，但在《南极条约》协商国的集体阻击下，第三世界也是"屡战屡败"。

南极管理模式成了联合国外管理的一种独特方式。它的管理者是由28个国家组成的"南极条约组织"，重大事务由每年一度的南极条约协商会议决定。该组织不是联合国的分支机构，联合国奈何不了它，甚至在诸如环保等全球性问题上还要"有求于它"。

南极条约组织的缔约国虽然在数目上比联合国少了些，但它们占有的人口量为全世界的 3/4，经济总量占全世界的 90％以上。可见，南极条约组织"代表了全世界大多国家和人民的利益"，其稳固之势难以撼动。

自诞生之日起，《南极条约》就对联合国所有成员国开放。联合国在重大问题上采取"大国一致"的原则，南极条约组织采取的是类似的"协商一致"的原则，南极决策必须经过拥有表决权的协商国一致通过。联合国的执行机构是安全理事会，南极条约组织也建立了"南极条约秘书处"，2004 年 9 月 1 日，在阿根廷首都布宜诺斯艾利斯正式运行。

▶知 识 窗

　　面对这一局面，非缔约国的选择只能是"黑白对立"，要么认同这一规则加入其中，要么做一个体系外的孱弱反抗者。

**拓展思考**

1. 南极的争夺中发生过哪些重要的事件？
2. 《南极条约》对各国在南极的争夺起到了什么作用？

# 北极争夺

*Bei Ji Zheng Duo*

北极的重要性不言而喻。主要是这里不仅有丰富的资源，还对各国产生其他的影响：一是油气资源，二是战略"瞰制"，三是航道控制。据美国地质调查局的资料显示，全球待发现油气资源的 25％分布在北极地区。俄罗斯科学部门发布的数据显示，北极原油储量约为 2500 亿桶，占世界剩余储量的 25％，天然气储量估计为 80 万亿立方米，约为全球天然气储量的 41％；其次，从战略地缘分布上来说，世界大国都在北半球，如果将这些大国连成一个扇形的区域，就会发现，这个半扇的圆点（椭圆概念）恰好就是各国争夺的北极，也就是说，北极离所有大国的距离是最近的，那么如果在北极部署弹道导弹发射区，相当于对全世界大国进行了有效"瞰制"，这一战略优势让人怦然心动；第三，一直以来，飞越北冰洋的航空线是联系亚、欧和北美三大陆的捷径。而且由于全球变暖导致北极地区冰盖融化，使得北极的"西北航道"通航也成为可能。北冰洋航路是连接大西洋和太平洋以及俄罗斯欧亚两部分的最短路线。这样一来，除了前两点以外，航道的诱惑力也增加了各国对北极争夺的信心。

## ◎冰面上下的北极较量

美国悬疑小说名家丹布朗在新作《骗局》中，描写了一场围绕北极冰层下的"神秘陨石"所展开的美国政坛争斗，尽管虚构的故事不免带有一定程度的科幻色彩，但其所表现出来的"政治入侵北极圈"却正在成为人类面临的现实。在北极的皑皑冰雪之下，涌动着 21 世纪各国角逐的暗流。

2005 年 1 月，法国《世界报》援引巴黎海洋动力学和气候学研究所教授卡斯卡尔的话说，"综合数据显示，从现在起的 25～30 年内，北冰洋的海冰将有可能在夏天消失。"

如果真的到了那个时候，北冰洋将可能成为名不副实的"无冰之洋"。在一些具有"远见"的人看来，那时的北冰洋，除了政治和军事上的战略价值，方便的通航和资源开发也将成为可能。

2007 年 7 月 9 日，加拿大总理哈珀宣布，为维护该国"西北通道"的"主权"，将向该水域派遣 6～8 艘巡逻艇，不仅要强化在北极的军事存在，还要在那里修建一座深水港。2007 年 7 月初，搭乘核潜艇对北极进行了为期 6 周的勘探后，高调宣称，包括北极点在内的 120 万平方千米的土地应该属俄罗斯。分析人士认为，俄醉翁之意不在领土，而是北冰洋巨大的石油资源。

冰山还未消融，各国已未雨绸缪。为了在未来的北冰洋权益分割中占据优势，火热的争夺早就已经拉开了序幕。

## ◎冰与岛的主权之争

丹麦首先吹响了争抢北极的号角。2005 年，丹麦科研大臣桑德宣称有了一项最新的地理发现：北极与丹麦所属的格陵兰岛是由一条绵延 1240 千米长的水下山脉——莱蒙索夫海岭连接着的。

这本是一条普通的科学
消息，但出自桑德之口，问
题就变得复杂了。早在 2004
年 10 月初，桑德就已宣布，
只要科学家能证明北极点所
在的海底山脉是丹属格陵兰
岛的自然延展海脊，丹麦将
"拥有开发那里的石油和天然
气资源的权利"。因为根据
《联合国海洋法公约》的规
定，沿海国家可以将其海岸

线外 200 海里（约 370 千米）的范围划为大陆架，并在此范围内行使主权。

桑德表示："这是一个机会，可以让北极为丹麦所有，这能让我们得到石油和天然气。"为了抓住这个机遇，丹麦开始发起一项针对莱蒙索夫山脉的远程科学考察，并计划在 2007 年完成考察后正式提出对北极拥有主权。

面对丹麦的挑战，另一个国家加拿大不甘示弱。实际上早在上世纪 50 年代后期，加拿大就首先宣布对北极地区拥有主权。然而国际法庭判称，只有其他国家在 100 年内不对此提出异议，北极才能成为加拿大的领土。因此，加拿大绝不能容忍丹麦的主权诉求，加拿大的科学家也正在积极准备相关材料以反击丹麦对北极的主权要求。

并不是只有这个时候两个国家发生了矛盾，冰冻三尺非一日之寒，加拿大和丹麦早就曾因一个叫作汉斯的北冰洋小岛发生过纠葛。汉斯岛长约

3千米、宽约1千米，位于加拿大与格陵兰岛之间的内尔斯海峡。2003年6月，丹麦军舰突然造访了汉斯岛，并且在该岛插上了丹麦国旗，单方面宣布汉斯岛属于本国。而加拿大苦于没有破冰船，只能提出口头抗议而坐视该小岛落入他人囊中。

加拿大由此认识到，为防备和应对类似丹麦的挑衅，仅仅发出维护领土主权的声音是不够的，还应切实采取行动保卫"领海岛屿主权"。于是加拿大开始努力强化本国在北极圈地区的军事存在。2004年8月，加拿大军队在北极圈内展开了一场声势浩大的代号为"独角鲸"的海、陆、空联合军事演习，以宣示其军事力量在北极存在的决心。加外交部发言人表示："丹麦人的挑战是全新的，但不会改变任何事情。"

环绕北冰洋的大国俄罗斯同样要分一杯羹，俄方声称包括北极在内的半个北冰洋都是西伯利亚的地理延展，这里的资源应该属于他们。为了提供证据，俄罗斯亮出了科学家们于2004年编制出的世界上第一幅北冰洋海底地形图，据称这是由32个俄罗斯北极流动科考站花了近3万个工作日获得的宝贵地理财富。

各国为北冰洋权益吵得不可开交，"世界警察"自然不会坐视不理。美国虽然表面上主张开发北极应走更加开放的道路以缓和各国的矛盾，但实际上并没有放松拥有对北极实质力量的准备。

早在1946年，美国便开始在北极地区进行大规模考察；而后随着北约组织的成立，美国更是在从阿拉斯加到冰岛的漫长北极线上建起了弹道导弹预警系统，部署了相当规模的远程相控阵雷达、战略核潜艇、弹道导弹和截击机，并联合加拿大成立了"北美空间防御司令部"。通过一系列实质性的行动，美国已在北极周边部署了强大的联合军事力量，为其政治意图的实现提供了坚实的实力基础。

文攻武备，群雄逐鹿，环绕北冰洋的西方国家冲突不断加剧，其根源就在于这一地区蕴含着不可估量的战略价值。

## ◎冰盖之下的核暗潮

21世纪核威慑力量角逐从未停止过，而已经有人开始将这股暗流的范围打到北极圈内的皑皑冰雪之下。

因为北极地区常常暴风雪肆虐，乌云翻滚，再加上厚达数米的大冰盖，这一切都是阻挡包括海洋监视卫星在内的所有传感器对冰层下面弹道导弹核潜艇的追踪与监视的最佳条件。核潜艇之所以能够在北冰洋水下隐蔽待命，还因为在此可以躲避无法进行"破冰之旅"的水面舰艇的追击

——又让人想起丹布朗《骗局》中那难以突破的深厚冰层。

目前，世界上主要大国和军事强国都在北半球，北极圈与这些国家又有着相同的最短距离，因而这里便成了地球上最安全、最理想的水下弹道导弹发射阵地，这成为各国努力争取的原因之一。

俄罗斯海军的"台风"级、DⅢ和DⅣ级弹道导弹核潜艇早已常年在北冰洋深海里游弋，执行核战略威慑巡航值班任务。

虽然早在上个世纪50年代美国便开始不分昼夜地监视北冰洋上空的"风吹草动"，但这显然不是全部，2004年底，美国紧临北冰洋的阿拉斯加中部的麦格拉斯堡空军基地建立起了第一个陆基"战区高空拦截弹"发射阵地，部署了24枚高空反弹道导弹。

然而，这一切都不能使美国对北冰洋海域感到放心，因为这片冰封的海洋实在是距美国本土太近了，破冰而出的潜射弹道导弹用不了10分钟就可打到美国腹地的战略目标。

## ◎北冰洋航道的价值

北冰洋一旦通航，便可成为北美洲、北欧地区和东北亚国家之间最快捷的通道。例如，华盛顿到莫斯科的北冰洋航线要比经过欧洲的航线近1000多千米；从伦敦通向东京的海运线目前需绕道巴拿马运河，如能穿行北冰洋，那么整个航程将由现在的2.8万千米缩短为1.64万千米。

加拿大魁北克学院国际部教授拉塞尔说，随着北冰洋海冰消融和航海技术的不断进步，加拿大沿岸的"西北通道"和西伯利亚沿岸的"北方通道"将成为新的"大西洋－太平洋轴心航线"。欧、亚和北美洲之间的航线将缩短6000～8000千米。在这种情况之下，谁控制了北冰洋，谁就控制了世界经济的新走廊。

▶知 识 窗

　　正是北极这种可观的情景，以及可能带来的利益，让各国态度更加积极。随着北极地区气温上升、冰层融化，再过15年，横穿加拿大北极群岛、连接大西洋和太平洋的海上通道，即著名的"西北通道"，每年将会有几个月的时间可以通航，成为国际海运航线的一部分。

|拓展思考|

　　1. 保持北冰洋冰封状态和北极航道通航可能带来的利益，你认为哪个重要？

　　2. 北极的重要性都有哪些方面？

地球上的南北两极

# 对待两极要科学

*Dui Dai Liang Ji Yao Ke Xue*

## ◎南极局势

在非缔约国难以形成气候的情况下，缔约国之间的竞争便上升为南极"争夺战"的主要内容。既然未来南极洲的版图被分割、资源注定遭瓜分，那么如何对待南极？要尽可能提出最稳定的方法。那么最可能的依据是什么？答案是：科学，而且只有科学才能成为未来南极权益话语权的依据。

伴随着人类在南极的科学探索活动，政治权益意识一直延续至今，一国在南极的科学探索脚步延伸至何处，其政治、外交和现实利益也同时延伸到那里。换言之，一国对国际南极考察所做出的贡献和在南极领土归属问题以及南极资源的争夺和开发利用能够获得多少筹码，是应该成正比的。正所谓在奉献中收获，在参与中发展。

1983年，当南极问题被列入联大议事日程时，许多无力亲赴南极的国家都强烈要求改变南极事务被少数国家支配的现状，但以美国为代表的《南极条约》协商国集团，坚决反对"彻底开放"，认为南极的科学考察是投入巨大而持久的事业，必须坚持"投入与受益相匹配"的原则。

根据《南极矿产资源活动管理公约》的规定，各国在南极可开发时能够享受的资源份额将由其对南极科考事业的贡献程度来决定。不过该公约最终流产，但是其提出的此项规则已演化为不成文的惯例。

南极科考奉行的"潜规则"，即谁首先对一个区域进行考察，谁就拥有在这个区域建站的优先权；相应的国际惯例是，哪国在某地建站，周围的科研活动就以哪国为主。

有鉴于此，各国在南极下了很大的力气，建立科学考察站，争相承担重大科研项目。这一切都是为了在南极问题上获得更大的发言权，甚至一些小国也千方百计地前往南极建站"插旗"。

到目前为止，已经有28个协商国在南极建起50多个常年科学考察站，其中英国、美国、澳大利亚、新西兰等国还创设了许多"南极特别保护区"。按照惯例，设立者就是保护区的主要"负责人"，而欲设保护区，前提便是提出合理充分的科学根据。

时至今日，极地科学考察已成为一个国家综合国力和高科技水平的体现，在政治、科学、经济、外交、军事等方面都有着深远和重大的意义。

## ◎北极局势

如何对待北极也是应该投以同样的重视。目前难以解决的北极争端，其症结在于国际法和国际条约的不完善，特别是对北冰洋权益如何划分，目前尚无依据可循。

在这方面，曾经有一个"斯瓦尔巴条约"，它也叫《关于斯匹次卑尔根群岛的条约》，它是迄今为止北极圈地区惟一具有国际色彩的政府间条约。

斯瓦尔巴群岛自从 1596 年 6 月 19 日被发现后，各国"淘金者"相继到来，他们之间的矛盾和冲突也随之产生。为了调和各国行为、化解冲突和矛盾、维护共同利益，英国、美国、丹麦、挪威、瑞典、法国、意大利、荷兰及日本等 18 个国家于 1920 年 2 月 9 日在巴黎签订了"斯瓦尔巴条约"。到 1925 年，中国、苏联、德国、芬兰、西班牙等 33 个国家也加入了该条约，成为协约国。

因为这个条约的成立，使斯瓦尔巴群岛成为北极地区第一个，也是唯一的一个非军事区。条约承认挪威"具有充分和完全的主权"，该地区"永远不得为战争的目的所利用"。但各缔约国的公民可以自由进入，在遵守挪威法律的范围内从事正当的生产和商业活动。

可以说该条约是当代解决国际海洋权益争端的一个典范，也为冲突各方提供了解决问题的思路：搁置争议、共同开发。这也是避免冲突升级损害共同利益的唯一办法。

因此，北冰洋冲突的各方完全可以而且十分有必要按相同的思路签订一个类似于"斯瓦尔巴条约"的公约，这样有助于理顺各方关系、调和各方冲突，在北冰洋地区形成和平、和谐的环境，只有有了安稳的环境，才能保证各国的共同开发，确保共同利益的最大化。

北极的资源对各国也有很大的吸引力。面对北极区域的资源和水道争夺，在现有国际多边渠道中，国际北极科学委员会是唯一能够协调矛盾、发展合作框架的机构。北极委员会是根据里根和戈尔巴乔夫时代的倡议建立的国家间组织，它的成员除了北极区域国家，还包括德国、英国、日本等非北极国家，中国也在北极委员会取得了观察员成员身份。这个机构成立的最初目的是为了以科学考察和北极环境保护。在北极地缘政治关系越来越紧张的当前，北极委员会需要丰富组织设置，建立成员国之间常规性的政治会晤与谈判机制，组织草拟北极地区资源、经济、政治、军事等领域的全面性国际公约，保护北极的综合安全。北极与南极一样，是生态极度脆弱的地区。如果不顾及当地的生态环境等因素，将会给这两个地区带来不可恢复的危害。如北冰洋上开通了石油运输航道之后，由于这里气温低，海浪活动少，石油泄漏的事故对这一区域的生态会带来严重创伤。北极的未来，充满着不确定性。历史上，国际社会曾经从《南极条约》中实现了长期的和平与合作。现在的北极，也需要一个类似的《北极条约》。

▶ 知识窗

## ·科学家话说南北极科考·

中国科学院院士刘嘉麒曾说，从国家战略角度分析，世界各国的极地势力划分已经明显表现在台站的建立上，如果一个国家在南北极建立一个站点，那么这个站周边一定范围内别的国家就不能再建了。未来，人类对资源的需求量将不断扩大，如果已开发地区能源都用光了，人类会不会把目光转向南北极的资源呢？

### 拓展思考

1. 制定关于北极和南极的合约对这些地区有什么保护作用？
2. 现在就开发利用北极和南极的资源有必要吗？说出你的理由。

地球上的南北两极